U0395267

格致方法 · 定量研究系列　吴晓刚　主编

解释概率模型：Logit、Probit以及其他广义线性模型

[美] 廖福挺（Tim Futing Liao） 著
周穆之 译　　陈伟 校

SAGE Publications, Inc.

格致出版社　上海人民出版社

出版说明

由香港科技大学社会科学部吴晓刚教授主编的“格致方法·定量研究系列”丛书，精选了世界著名的 SAGE 出版社定量社会科学研究丛书，翻译成中文，起初集结成八册，于 2011 年出版。这套丛书自出版以来，受到广大读者特别是年轻一代社会科学工作者的热烈欢迎。为了给广大读者提供更多的方便和选择，该丛书经过修订和校正，于 2012 年以单行本的形式再次出版发行，共 37 本。我们衷心感谢广大读者的支持和建议。

随着与 SAGE 出版社合作的进一步深化，我们又从丛书中精选了三十多个品种，译成中文，以飨读者。丛书新增品种涵盖了更多的定量研究方法。我们希望本丛书单行本的继续出版能为推动国内社会科学定量研究的教学和研究作出一点贡献。

总 序

2003年，我赴港工作，在香港科技大学社会科学部教授研究生的两门核心定量方法课程。香港科技大学社会科学部自创建以来，非常重视社会科学研究方法论的训练。我开设的第一门课“社会科学里的统计学”(Statistics for Social Science)为所有研究型硕士生和博士生的必修课，而第二门课“社会科学中的定量分析”为博士生的必修课(事实上，大部分硕士生在修完第一门课后都会继续选修第二门课)。我在讲授这两门课的时候，根据社会科学研究生的数理基础比较薄弱的特点，尽量避免复杂的数学公式推导，而用具体的例子，结合语言和图形，帮助学生理解统计的基本概念和模型。课程的重点放在如何应用定量分析模型研究社会实际问题上，即社会研究者主要为定量统计方法的“消费者”而非“生产者”。作为“消费者”，学完这些课程后，我们一方面能够读懂、欣赏和评价别人在同行评议的刊物上发表的定量研究的文章；另一方面，也能在自己的研究中运用这些成熟的方法论技术。

上述两门课的内容，尽管在线性回归模型的内容上有少量重复，但各有侧重。“社会科学里的统计学”从介绍最基本的社会研究方法论和统计学原理开始，到多元线性回归模型结束，内容涵盖了描述性统计的基本方法、统计推论的原理、假设检验、列联表分析、方差和协方差分析、简单线性回归模型、多元线性回归模型，以及线性回归模型的假设和模型诊断。“社会科学中的定量分析”则介绍在经典线性回归模型的假设不成立的情况下的一些模型和方法，将重点放在因变量为定类数据的分析模型上，包括两分类的 logistic 回归模型、多分类 logistic 回归模型、定序 logistic 回归模型、条件 logistic 回归模型、多维列联表的对数线性和对数乘积模型、有关删节数据的模型、纵贯数据的分析模型，包括追踪研究和事件史的分析方法。这些模型在社会科学研究中有着更加广泛的应用。

修读过这些课程的香港科技大学的研究生，一直鼓励和支持我将两门课的讲稿结集出版，并帮助我将原来的英文课程讲稿译成了中文。但是，由于种种原因，这两本书拖了多年还没有完成。世界著名的出版社 SAGE 的“定量社会科学研究”丛书闻名遐迩，每本书都写得通俗易懂，与我的教学理念是相通的。当格致出版社向我提出从这套丛书中精选一批翻译，以飨中文读者时，我非常支持这个想法，因为这从某种程度上弥补了我的教科书未能出版的遗憾。

翻译是一件吃力不讨好的事。不但要有对中英文两种语言的精准把握能力，还要有对实质内容有较深的理解能力，而这套丛书涵盖的又恰恰是社会科学中技术性非常强的内容，只有语言能力是远远不能胜任的。在短短的一年时间里，我们组织了来自中国内地及香港、台湾地区的二十几位研究生参与了这项工程，他们当时大部分是香港科技大学的硕士和博士研究生，受过严格的社会科学统计方法的训练，也有来自美国等地对定量研究感兴趣的博士研究生。他们是香港科技大学社会科学部博士研究生蒋勤、李骏、盛智明、叶华、张卓妮、郑冰岛，硕士研究生贺光烨、李兰、林毓玲、肖东亮、辛济云、於嘉、余珊珊，应用社会经济研究中心研究员李俊秀；香港大学教育学院博士研究生洪岩璧；北京大学社会学系博士研究生李丁、赵亮员；中国人民大学人口学系讲师巫锡炜；中国台湾"中央"研究院社会学所助理研究员林宗弘；南京师范大学心理学系副教授陈陈；美国北卡罗来纳大学教堂山分校社会学系博士候选人姜念涛；美国加州大学洛杉矶分校社会学系博士研究生宋曦；哈佛大学社会学系博士研究生郭茂灿和周韵。

参与这项工作的许多译者目前都已经毕业，大多成为中国内地以及香港、台湾等地区高校和研究机构定量社会科学方法教学和研究的骨干。不少译者反映，翻译工作本身也是他们学习相关定量方法的有效途径。鉴于此，当格致出版社和 SAGE 出版社决定在"格致方法 · 定量研究系列"丛书中推出另外一批新品种时，香港科技大学社会科学部的研究生仍然是主要力量。特别值得一提的是，香港科技大学应用社会经济研究中心与上海大学社会学院自 2012 年夏季开始，在上海（夏季）和广州南沙（冬季）联合举办"应用社会科学研究方法研修班"，至今已经成功举办三届。研修课程设计体现"化整为零、循序渐进、中文教学、学以致用"的方针，吸引了一大批有志于从事定量社会科学研究的博士生和青年学者。他们中的不少人也参与了翻译和校对的工作。他们在繁忙的学习和研究之余,历经近两年的时间,完成了三十多本新书的翻译任务,使得“格致方法·定量研究系列”丛书更加丰富和完善。他们是:东南大学社会学系副教授洪岩璧,香港科技大学社会科学部博士研究生贺光烨、李忠路、王佳、王彦蓉、许多多,硕士研究生范新光、缪佳、武玲蔚、臧晓露、曾东林,原硕士研究生李兰,密歇根大学社会学系博士研究生王骁,纽约大学社会学系博士研究生温芳琪,牛津大学社会学系研究生周穆之,上海大学社会学院博士研究生陈伟等。

陈伟、范新光、贺光烨、洪岩璧、李忠路、缪佳、王佳、武玲蔚、许多多、曾东林、周穆之,以及香港科技大学社会科学部硕士研究生陈佳莹,上海大学社会学院硕士研究生梁海祥还协助主编做了大量的审校工作。格致出版社编辑高璇不遗余力地推动本丛书的继续出版,并且在这个过程中表现出极大的耐心和高度的专业精神。对他们付出的劳动,我在此致以诚挚的谢意。当然,每本书因本身内容和译者的行文风格有所差异,校对未免挂一漏万,术语的标准译法方面还有很大的改进空间。我们欢迎广大读者提出建设性的批评和建议,以便再版时修订。

我们希望本丛书的持续出版,能为进一步提升国内社会科学定量教学和研究水平作出一点贡献。

吴晓刚

于香港九龙清水湾

目 录

序

某事件发生的概率是多少？某个自变量与此事件概率之间有什么关系呢？还有些问题，研究人员其实也经常涉及。举一个常见的政治学的例子，我们有一个涉及一些投票者样本的调查数据。关注的因变量(Y)是供投票者选择的两个政党——自由党派(记为“0”)和保守党派(记为“1”)。问题就是，选择保守党派的可能性会因为收入的增加而增加吗(收入自变量 X，测量单位是以 1 000 美元作为一个单位)？使用线性模型是一个选择，用普通最小二乘法(OLS)回归得出的结果如下：

$$Y = -0.02 + 0.01X + e$$

根据对线性概率模型的解释，斜率的估计(0.01)说明收入上每增加一个单位(1 000 美元)，投票给保守党派的概率平均增加了 1 个百分点。同时，我们看到对于收入 X 等于 3 万美元的人来说，预测的投票给保守党派的概率是 0.28。尽管 OLS 的结果很简洁，但它缺乏某些估计量应该具有的特点。由于因变量的二元特性，误差项一定是异方差的(heteroscedastic)，也就意味着估计是无效率的。此外，这种模型也会得出一些概率在(0，1)之外的无意义的预测。比如，对于没有收入的投票者，预测的概率等于−0.02；对于收入是103 000美元的投票者，预测出的概率是1.01。最后，投票与收入之间的关系也许完全是非线性的，在极端收入的情况下，每个单位变化的影响会变小，也说明OLS的斜率估测是有偏误的。

因此，尽管最初从OLS得出的线性概率模型看上去很有吸引力，但在解释概率的时候还是应该尽量避免。取而代之的是一个更加适合的技巧，廖教授会对此做出详细的说明。对目前的例子来说，logit模型是一个更好的选择，因变量在此进行了转化，最大似然的评估因此是：

$$\log\left[\frac{\text{Prob}(y=1)}{1-\text{Prob}(y=1)}\right]=c+dX+v$$

廖教授对概率模型给出了四个基本的解释。他指出在logit模型中最有用的解释就是比数和比数比。为了说明这一点，他使用了来自全国儿童调查的数据，创立了一个未成年人性行为的logit模型。通过取logit系数的指数(例如，以e为底，系数作为e的指数)他能够得出，比如未成年男性有过性行为的比数高于女性，为1.9倍。第二种常用的解释logit结果的方法就是基于一系列预定的X值来预测某事件的概率。继续他的阐述，我们可以得出，未成年人是白人女性时，有过性行为的概率是0.146。

logit模型只是廖教授所涵盖话题的其中一个。他也评估了另外一个可替代的分析方法——probit模型。probit的累积概率函数和logit模型很相似，所以它们得出的概率通常都是一样的。然而 logit 的优点是这些预测的概率用普通计算器就能得出。此外,在有许多极端的观测分布时,logit 还是优于 probit 的。

尽管大部分 logit 和 probit 模型集中在二元因变量上,但这并非概率模型的前提。在阐述了序列 logit 和 probit 模型之后,廖教授介绍了如何来解释有序 logit 和 probit 模型。接着他介绍了多类别 logit 模型,也就是因变量是无法排序的(有趣的是,他指出计算上的难度让多类别 probit 十分罕见)。对模型的讨论以用来估测罕见事件概率的泊松回归结束。廖教授提醒我们,这也正是另外一种错误使用 OLS 回归的情况。因为本书的全面性以及它对解释概率模型的主题进行了统一,本书在读者掌握了单个等式的回归方法后值得一读。

迈克尔·S.刘易斯-贝克

第1章

介　绍

社会科学家用概率模型解释很多关键的问题。对这些模型的解释却常常被忽略而且对许多人来说很困惑。本书的目的就是系统介绍对社会科学家常用的多种概率模型的解释。为了进一步说明概率模型的重要性以及它们的解释，我在介绍部分回答两个问题：(1)为什么要用概率模型？(2)为什么需要解释？

第1节 为什么要用概率模型？

在社会学家的工具箱里，最基本的统计方法就是对一个连续的线性的因变量（或者可以转化成线性的）进行回归分析。然而很多社会科学家研究的对象是无法用经典的回归模型来分析的，因为很多的态度、行为、特点、决定以及事件（无论本质上是连续的或者不连续的）是用离散的、虚拟的、序列的或者简单来说，非连续的方法来测量的。

划分处理此类数据的一些统计模型常常根据数据的种类来代表和讨论，比如“二分数据分析”“序列数据分析”“类别数据分析”或者“离散选择分析”，或者作为一个特别的模型，比方说 logit 或者 probit 模型。这些相关联的统计方法的共同特点就是它们都是对某事件的概率，即这个事件究竟有多大可能发生来建模。因此，在本书里，我将所有分析事件概率的统计模型统一称为“概率模型”。我们讨论的概率模型包括二分的、序列的、有序的 logit 和 probit，多类别 logit，条件 logit，以及泊松回归模型。

第 2 节 | 为什么需要解释?

在过去的十年间,有许多全面的关于概率模型的书已经发表在经济界、统计界以及社会科学界。我在教学和研究的时候常常用来参考的书单如下:Agresti,*Analysis of Ordinal Categorical Data*(1984)以及 *Categorical Data Analysis*(1990);Aldrich & Nelson,*Linear Probability*,*Logit*,*and Probit Models*(1984);Ben-Akiva & Lerman,*Discrete Analysis*:*Theory and Application to Travel Demand*(1985);Bishop,Fienberg & Holland,*Discrete Multivariate Analysis*:*Theory and Practice*(1975);Cox & Snell,*The Analysis of Binary Data*(1989);DeMaris,*Logit Modeling*(1992);Dobson,*An Introduction to Generalized Linear Models*(1990);Maddala,*Limited Dependent and Qualitative Variables in Econometrics*(1983);McCullagh & Nelder,*Generalized Linear Models*(1989);Santer & Duffy,*The Statistical Analysis of Discrete Data*(1989);Train,*Qualitative Choice Analysis*:*Theory*,*Econometrics*,*and an Application to Automobile Demand*(1986);Wrigley,*Categorical Data Analysis for Geographers and Environmental Scientists*(1985)。在这些书中,奥尔德里奇(Aldrich)和纳尔逊(Nelson)所著的以及德马里斯(DeMaris)所

著的是研究论文，其他的是范围更广的专著。概率模型在一般的统计或者计量经济教科书中也有不同程度的涉及，例如在哈努谢克（Hanushek）和杰克逊（Jackson）的 *Statistical Methods of Social Scientists*（1977）以及格林（Greene）的 *Econometric Analysis*（1990，或者 1993 年的第二版）中。此外，雨宫和麦克法登的研究（Amemiya，1981；McFadden，1976，1982）也有关于定性回应模型的出色回顾。

上面大部分都是非常全面的包括模型说明、模型估计、模型选择、假设检验以及评价整体模型拟合的介绍。它们很少涉及如何解释估计系数，更不会以一个系统性的方式来阐述这些。由于解释上的一些困难，有些社会学家对于这些概率模型存有疑虑，由此导致他们逃避选择这种概率模型，转而选择一些更加熟悉却未必合适的方法，比如线性回归。

本书的目的就是展示如何解释从各种概率模型中得出的结果。在解释上有困难或者对解释很有兴趣的初学者和专家会因本书受益良多。对于兴趣不在解释而在例如模型估计和模型选择的读者，应该去参考上文列出的书单。

接下来的一章回顾了广义线性模型，本书讨论的所有的概率模型都可以归入这个模型中。之后的一章会介绍一种解释广义线性模型结果的系统方法。从第 3 章到第 8 章除了对每一种概率模型都有相应修改之外，会使用同样的解释方法：第 3 章，二分 logit 和 probit 模型；第 4 章，序列 logit 和 probit 模型；第 5 章，有序和 probit 模型；第 6 章，多类别 logit 模型；第 7 章，条件 logit 模型；第 8 章，泊松回归模型。在第 9 章里，会简要总结对概率模型结果的解释方法，回顾这些模型的一般特点，并进一步评价一些对概率模型参数估计的解释。

第2章

广义线性模型和对其系数的解释

本章我会回顾一下广义线性模型并根据这个模型来创立一个解释系数估计的体系。这些模型是经典线性模型的延伸,而且我们讨论的所有概率模型都可以包含在这个广义线性模型中。因此,也可以包含一些适用于这个类别的所有模型的特殊的处理和解释。

第1节 | 广义线性模型

下文基本跟随并简化了多布森(Dobson, 1990)以及麦卡拉和内尔德(McCullagh & Nelder, 1989)的阐述。假设第 i 个观察 y_i 是一个期望值为 $E(Y_i)=\mu_i$ 的随机变量 Y_i 的实现。为了行文的简洁,我们不再标记出下标 i,因为我们都理解观察值的向量。当用线性模型来学习随机变量 Y 的时候,我们指明它的期望值是 K(下标 k 是从 1 到 k)个未知参数以及协变量(或称做解释变量或者自变量)的线性组合:

$$E(Y)=\mu=\sum_{k=1}^{K}\beta_k x_k \qquad [2.1]$$

这就是一个广义线性模型,读者应该会想起这个等式其实就是一个线性回归模型。为了创建一个更加通用的模型,我们引入变量 η,将函数 $\sum_k \beta_k x_k$ 与 μ 联系在一起,但这并不一定是一个线性的关系。

总的来说,我们指定 η 是从 x_1, x_2, …, x_k 得出的一个线性的预测变数。不考虑模型的种类,这一系列解释变量总是线性地产生 η,也就是 Y 的预测量。η 和变量 x 的关系是:

$$\eta=\sum_{k=1}^{K}\beta_k x_k \qquad [2.2]$$

目前还没有指定 η 与 μ 之间的关系函数。就是靠 η 与 μ 的关联区分开广义线性模型里的不同成员。η 与 μ 之间有许多可能的关系函数。我们下文仅仅关注与本书涉及的模型有关的函数：

（1）线性：

$$\eta = \mu$$

从等式 2.1 和等式 2.2 中可以看出，在经典线性模型里，这个关系就是等价关系。

（2）logit：

$$\eta = \log[\mu/(1-\mu)]$$

将这个关系函数代入等式 2.2，我们指定了一个二分因变量的 logit 模型。

（3）probit：

$$\eta = \Phi^{-1}(\mu)$$

Φ^{-1} 是标准正态累积分布函数的倒数。类似地，这个关系也指定了适用于二分因变量的 probit 模型。

（4）对数：

$$\eta = \log \mu$$

通常而言，这里使用自然对数，从而指定了泊松回归模型。

（5）多类别 logit：

$$\eta_j = \log(\mu_j / \mu_J)$$

在这个等式里，j 是从 1 到 J 的 J 个反映类别的第 j 个。这个关系函数是关系函数（2）中 J 等于 2 的自然延伸，给出的就是一个研究多类别选项的多类别 logit 模型。[1]

对关系函数的选择，或者说统计模型的选择，取决于数据的分布和理论，需要让研究人员去理解数据本身的性质。具体而言，组成 Y 的随机部分的分布（无法用 x 来系统性地解释的部分）决定了关系函数和广义线性模型的种类。在这种广义的线性模型下，随机成分的分布来自一个指数的家族。其中，正态的、二项的、泊松分布以及其他等都属于这个家族（请参考 McCullagh & Nelder, 1989）。当这个分布是正态的时候，线性关系函数就出现了。所有普通最小二乘回归（OLS）的应用都假设 Y 的随机成分是正态分布的，也就意味着 Y 是连续的。

关系函数（2）和（3）都是基于二分分布的。在社会科学里，有许多的变量服从于这种分布。二分结果的例子有投票或不投票、死亡或者在世、同意或者不同意、移民或者没有移民，以及所有常见的某件事发生或者没有发生，它们都会得出一个二分分布。logit 和 probit 模型常常就是用来分析这些情况的。

对数关系函数跟从泊松分布。泊松分布常常是假设的，所以在社会科学中，可以使用泊松回归来研究计数的变量，比如总统竞选得票数、事故次数、每年看医生或者牙医的次数和发生类似罕见事件的计数。

关系函数（5）也假设了一个多类别分布。这样的分布是由于观察的结果超过两个可能，例如备选的总统候选人、上班的交通工具、避孕的方法、移民的目的地或者大学科目等。多类别 logit 回归模型是用来研究这些有多重选择的情况的。然而，我们的理论有可能帮助我们理解数据的性质，从而用来决定究竟使用哪种模型。例如,在研究一个有三位候选人的总统竞选时,例如美国 1992 年的总统竞选,研究人员可以认为克林顿和佩罗都是在野候选人而将其合在一起,布什则是另外的继任候选人,因此认为数据是二项分布的,从而使用二元 logit 或者 probit 模型。另外的研究人员可能认为所有三个候选人在政治位置上都是独一无二的,因此选择用一个分析多类别分布的多类别 logit 模型。

第2节 | 解释参数估计

从等式2.2我们可以看出，每一个 x 在 η 上造成的影响是线性的。因此，对于参数估计的线性效应的解释必定适用于所有广义线性模型。可是这样的解释未必直接。对于logit和probit模型来说，对 η 的参数估计得出的线性影响其实分别指的是对应的 x 在 logit$\{\log[\mu/(1-\mu)]\}$ 和 probit$[\Phi^{-1}(\mu)]$ 上带来的影响。很少有人会从logit和probit的角度来考虑问题。幸运的是，对线性关系进行解释只是处理概率模型参数估计的几个可能方法中的一个。在本章的余下部分，我会描述一个用来解释参数估计的系统方法。

对于所有广义的线性模型来说，一个常见特点就是每一个估计都给出的是控制了其他 x 后的部分影响。无论我们解释的是哪一个概率模型，我们总是要记住，这是一个在控制了其他变量后的情况，这与我们解释线性回归的估测是一样的。这一点适用于所有的广义模型，因此，我们在后面介绍概率模型时不会再重复这一点。

从广义线性模型的角度出发，我在此给出五个解释概率模型参数估计的方法。它们分别解释参数估计的符号和它们在统计学上的显著性，给定了一系列自变量后预测的 η 值或者转化的η值，自变量在η或者转化的η上的边际效应，给定一系列自变量后预测的概率，以及解释变量在某事件概率上的边际效应。读者在第3章到第8章会注意到对每一个概率模型的解释都严格遵从这个广义线性模型，只是在针对不同的关系函数和特别模型时有所不同。

参数估测的符号和它们的统计显著性

这个简单的解释方法可以应用于任何概率模型，因为它忽略了在广义线性模型里面的关系函数。许多实证型的社会学者并不会在这种解释之外寻求更复杂的阐述，部分原因是解释的复杂性，还有部分原因就是在OLS回归里面如此解释就足够了。他们分析数据主要是检视系数的符号（+或者−）以及它们的显著性检验。

给定统计上显著，控制了其他的x后，取决于x是连续的还是二分的，它的参数估计是正号意味着在x增大、增多或者存在的情况下，反应（或者发生某事件）的可能性会增加。反之，如果参数的符号是负号，也就是说如果x增大、增多或者存在，反应（或者发生某事件）的可能性会降低。但是因为我们并不知道x的变化能够使反应（事件）的可能性增加或者减少多少，或者说我们不清楚这种影响是一个怎样的函数，这样的解释比较模糊。不过这种解释很容易应用，因为它不用去考虑关系函数的细节，也就是不用考虑概率模型跟线性模型的区别了。因为太简单了，我们在后面就不会再讨论符号和显著性的问题了。

非显著的测试，比如说在一个常用的α水平0.05上，意

味着 x 对反应因变量的影响在统计上不能够显著区别于零，当然前提是这个自变量与其他的自变量基本没有多重共线性。有些研究者会提一下，这些不显著的估计的符号是否与我们期待的方向一致。但因为是非显著测试，这些说法基本没有什么意义。

给定一系列自变量后预测的 η 值或者转化后的 η 值

尽管在 logit 模型里预测比数对数或者比数，以及在 probit 模型里预测 z 分数都非常简单，但这种预测却并没有被广泛运用，在这里也就不讨论了。在泊松回归模型里预测的 η 值却是非常实用的，因为它给出了预测的 y 值，也就是事件的计数(参见第 8 章)。

对 η 或者转化后的 η 产生的边际效应

不考虑特殊的概率模型，估计的 β_k 给出的是对应的 x_k 在 η 上造成的边际效应。换句话说，也就是说估计值其实是对应的 x_k 在关系函数上的边际效应。如经典回归模型一样，这些边际效应是线性的，因此，它们的解释很简单。就像常规线性模型一样，我们可以控制其他不变，说 x_k 上增加一个单位会导致 η 增加(或者减少)一个 β_k 值。

然而，这样一种对边际效应的简单解释却没有什么用。因为除非这个关系函数与经典线性模型的函数完全一样，否则 η 并没有直接有意义的解释(或者说把 Y 用 η 的形式来解释)。通常，解释估测的 β_k 在一个转化过的 η 上的效应比在

η 本身上更加有意义。如何转化 η 要看具体的关系函数。以 logit 关系函数 $\eta = \log[\mu/(1-\mu)]$ 为例。如果我们把两边取一下指数,剩下的就是右手边变成了比数,$\exp(\eta) = \mu/(1-\mu)$。因此,x_k 的效应由 $\exp(\beta_k)$转化为针对比数而非比数的对数形式。这样的解释在直观上还是很具吸引力的,因为每天我们都会遇到比数,比如赛马或者赌博等。政治学研究 1992 年美国大选的投票行为里,我们可以检验教育对投票给克林顿而非他人的比数的影响。现在,这种影响力是乘积的形式而非相加的。我们会在下一章里利用二分因变量模型来具体解释这种对转化过的 η 带来的边际效应。

给定一系列自变量后预测的概率

在一个经典的回归分析中,研究者可能想在控制了其他自变量后,计算出预测的平均值 Y。与此类似,在概率模型例如 logit 和 probit 模型里面,在控制了其他一系列自变量的值之后,我们也想计算出一个预测的概率。预测概率是很有吸引力的,因为概率直接给出了某一种类别的人究竟有多大可能进行某种活动(或者具有某种态度)。例如,在一个关于避孕措施的多类别模型里,我们可以说对于美国 20 岁高中毕业的白人女性而言,在采访年度使用了避孕药来避孕的预测概率平均是 0.40(或者 40%)。而对于一个 30 岁高中毕业的白人女性来说,服用避孕药来避孕的预测概率大约是 0.10(10%),并且,她进行绝育手术的预测概率大约是 0.25(25%)。

在广义线性模型的框架下,在指定了一系列特定的 x 值之后,预测的概率常常是通过计算 μ 的值而得出。这其实就

变成了一个 μ 的表达式的问题，代表的是在许多广义线性模型下的以变量 x 来代表的函数的概率，因为它被每一个概率模型里的关系函数所指定。当然也有些例外。在泊松回归模型里，μ 没有直接与某事件发生的概率相关，而是与某事件发生的期望相关。这意味着在泊松回归模型里计算预测概率的方法是不同的，如果用 μ 的形式来解释，其实给出的是某事件的期望的计数。因此，我们必须根据特殊的关系函数来计算相关联的预测概率。

对事件概率的边际效应

最后一种解释方法结合了前两个——在 η 或者转化过的 η 上的边际效应和给定一系列自变量的值之后的预测概率。我们可以解释 x_k 的边际效应，由与某事件的概率相关的 β_k 在事件概率上的影响来表示而非针对 η 或者转化过的 η。这种解释方法也是很有用的。以避孕方法为例，我们可以计算出年龄带来的边际效应，也就是说对于一个高中毕业的白人女性来说，年龄每增加一岁，使用避孕药的概率就会减少某个值。

跟计算预测概率一样，我们需要决定每一个变量 x 的水平来计算边际效应。此外，关系函数决定了在特殊概率模型下，计算对概率上的边际效应所采用的特殊公式。整个操作在后面的章节里会一一介绍。

从广义线性模型的角度来说，在概率模型中有五个常用的解释参数估计的方法。如同之前所讲的，第一个解释方法是如此直接以至于在后面的章节里没有必要再赘述。第二种方法只会在第8章涉及。此外，这些解释方法的一些变种也存在。经济学家们特别喜欢解释弹性（elasticity），其实也就是一种边际效应。一旦读者已经掌握了如何去解释，比如已经可以用参数估计来解释概率上的边际效应，就很容易将理解延伸到某种特殊解释了，就如同在经典的线性模型里面解释弹性一样。现在我们来看一看如何来解释二分的logit和probit模型。

二分的 Logit 和 Probit 模型

作为最简单的概率模型,二分logit和probit模型在因变量上只有两个分类——事件A或者非事件A。这种模型在社会科学里广为应用。研究者可能想找出初婚的可能性的模型、辍学的模型、怀孕的模型、为政治候选人投票的模型、累犯的模型、心脏疾病发生的模型、劳动力参与的模型,以及其他事件或者行为的模型等。这些事情发生或者没有发生就是因变量上面的两个分类。

描述二分因变量的模型可以使用第2章涉及的广义线性模型。实际上,这与计量经济学中的方法是一致的(Goldberger, 1964; Maddala, 1983),它们都假设了一个潜在变量y^*的反应,这个反应是由以下回归关系来定义的:

$$y^* = \sum_{k=1}^{K} \beta_k x_k + \varepsilon \qquad [3.1]$$

y^*在实践中是观察不到的,ε以零为平均值系统地分布,而且它的累积分布函数(CDF)定义为$F(\varepsilon)$。我们能够观察到的是一个二分变量y,定义为:

$$y = \begin{cases} 1(y^* > 0) \\ 0(\text{其他}) \end{cases} \qquad [3.2]$$

在等式 3.1 的模型里，β 与 x 的和并不是线性回归里面的 $E(y \mid x_1, \cdots, x_K)$，而是 $E(y^* \mid x_1, \cdots, x_K)$。

针对这些关系我们得出：

$$\begin{aligned}\text{Prob}(y=1) &= \text{Prob}\left(\sum_{k=1}^{K}\beta_k x_k + \varepsilon > 0\right) \\ &= \text{Prob}\left(\varepsilon > -\sum_{k=1}^{K}\beta_k x_k\right) \\ &= 1 - F\left(-\sum_{k=1}^{K}\beta_k x_k\right) \qquad [3.3]\end{aligned}$$

其中 F 是 ε 的一个累积分布函数。我们可以认为广义的线性预测变量 η 是 y^* 里面的系统性的成分，ε 是 y^* 里面的随机成分。F 的函数形式依赖于等式 3.1 里面 ε 的分布，或者说 ε 的假设分布。显然，ε 的分布（以及我们对分布的理解）决定了广义线性模型里面的关系函数，并且这也是另外一种表示 F 的方法。

第 1 节 | Logit 模型

在第 1 章中我们提过，已经有许多很好的专著涉及介绍和处理 logit 模型。在此，我只强调两本书：奥尔德里奇和纳尔逊以及德马里斯的著作(Aldrich & Nelson, 1984; DeMaris, 1992)。这两本书专门讲述了 logit 模型。对于新手和有经验的人来说，二者都是很好的介绍 logit 模型的书。

当我们假设数据里某个反应的随机成分服从二分分布时，我们可以进一步假设 ε 服从 logistic 分布。因此，此数据就可运用 logit 模型，并且关系函数就变成 logit：

$$\eta = \log[\mu/(1-\mu)]$$

将这个关系函数代入等式 3.2，我们指定了一个结果是一个二分变量的 logit 模型。logit 模型通常有两种形式。它可以用 logit 来表示，也可以用事件的概率来表示。当用 logit 形式表达时，模型指定为：

$$\log\left[\frac{P(y=1)}{1-P(y=1)}\right] = \sum_{k=1}^{K} \beta_k x_k \qquad [3.4]$$

现在我们给事件 A 发生的概率或者 Prob($y=1$) 建模，μ 变成 y 等于 1 的期望概率。使用等式 3.3，并且将广义累计分布函数里面的 F 用一个指定的代表 logistic 分布的累计分布

函数 L 来代替，等式 3.4 可以被转化为事件概率的指定 logit 模型：

$$\begin{aligned}\text{Prob}(y=1) &= 1-L(-\sum_{k=1}^{K}\beta_k x_k) \\ &= L(\sum_{k=1}^{K}\beta_k x_k) = \frac{e^{\sum_{k=1}^{K}\beta_k x_k}}{1+e^{\sum_{k=1}^{K}\beta_k x_k}}\end{aligned} \qquad [3.5]$$

这个等式表示了某事件发生的概率。其不发生的概率就是 1 减去事件发生的概率，或者：

$$\text{Prob}(y=0) = L(-\sum_{k=1}^{K}\beta_k x_k) = \frac{e^{-\sum_{k=1}^{K}\beta_k x_k}}{1+e^{-\sum_{k=1}^{K}\beta_k x_k}} = \frac{1}{1+e^{\sum_{k=1}^{K}\beta_k x_k}} \qquad [3.6]$$

这两种 logit 模型的形式对应的是给这类模型取的不同名字。等式 3.4 里面的模型表达的就是“logit 模型”，因为其对数的形式；等式 3.5 里面表达的名字为“logistic 回归”，因为这是一个累积的 logistic 分布函数。在有些文献里面，logit 模型和 logistic 回归两者名字的差异是基于在变量 x 里面是否包含了连续自变量。有些研究员将模型里面有类别变量的 x 称为“logit 模型”，将里面既有类别又有连续变量 x 的称做“logistic 回归模型”。其他人则不会这样区分。根据广义线性模型的传统，不考虑解释变量的种类，我使用“logit 模型”来统称这两种形式(等式 3.4 和等式 3.5)。

第 2 节 | 解释 Logit 模型

为了更有意义地解释 logit 模型的结果,首先模型本身要适用于这个数据。这也就是说,比起没有包括这些解释变量(也就是只有常数项截距)的模型,包括了这些解释变量的模型一定要能够显著地增强对因变量的解释力度。这对所有广义的线性模型来说都是如此。在一个经典回归模型里,使用的是 F 检验;在一个 logit 模型(以及其他的概率模型)里,最常用的检测是大约服从卡方分布的似然比统计(likelihood ratio statistic)(请参见 Aldrich & Nelson, 1984; Greene, 1990; McCullagh & Nelder, 1989;等等)。如果用似然比统计来表示的模型 χ^2(卡方)值证明模型比起仅仅包含一个截距(也就是没有包括任何自变量)的模型对数据的拟合程度要显著得高,我们就可以继续来解释参数估测的含义了。

对 η 或转化后的 η 的边际效应

让我们直接跳过对系数符号和显著水平在 η 或在转化后的 η 上的意义的简单理解,直接来看一个用比数和比数比来解释 logit 模型的有可能是最简单的方法。因为在 logit 里面,线性的、可加的参数没有那么直观,我们需要对关系函数

(等式 3.4)的两边都取一下指数(也就是取底为 e 的反对数),得出:

$$\frac{\text{Prob}(y=1)}{1-\text{Prob}(y=1)}=e^{\eta}=e^{\sum_{k=1}^{K}\beta_k x_k}=\prod_{k=1}^{K} e^{\beta_k x_k} \qquad [3.7]$$

现在左边其实就是比数,右边给定的就是由 $\exp(\beta_k)$表示的 x_k 在比数上的边际效应。在此,比数和比数比的概念成为了关键因素,其中,比数比就是两个比数的比例。

让我们举个例子。表 3.1 是来自 1988 年全国儿童调查的数据(Morgan & Teachman, 1988:表 3)。读者可以参考弗斯滕伯格、摩根、穆尔和彼得森(Furstenberg, Morgan, Moore & Peterson, 1987)的文章对样本数据的描述,以及一些实质研究问题有更多了解。作者感兴趣的是青少年(15 岁和 16 岁)到受访年份为止对进行性行为(有、没有)的报告。对白人男性来说,有过性行为的比数是 $O_{\text{wm}}=43/134=0.321$,对白人女性来说是 $O_{\text{wf}}=26/149=0.174$,对黑人男性来说是 $O_{\text{bm}}=29/23=1.261$,对黑人女性是 $O_{\text{bf}}=22/36=0.611$。这些比数的信息量很大。也就是说,对每一千个没有进行过性行为的白人男性,就有 321 个白人男性有过性行为;对每一千个没有进行过性行为的白人女性来说,就有 174 个白人女性有过性行为;对每一千个没有进行过性行为的黑人男性,就有 1 261 个黑人男性有过性行为;对每一千个没有进行过性行为的黑人女性,就有 611 个黑人女性有过性行为。这也说明,对于这些在同一个年龄层的人来说,进行过性行为的可能性最低的是白人女性,有过性行为的可能性最高的是黑人男性,白人男性有过性行为的可能性比白人女性高但比黑人女性低。

观察到的比数说明性别和种族都是可能影响性行为的

因素。我们可以进一步创建比数比来进行比较。在给定的例子里，白人，不考虑性别，他们进行过性行为的比数都比黑人要低，$O_w = 69/283 = 0.244$，$O_b = 51/59 = 0.864$。比数比测量的就是性行为针对种族的比数的变化。因此白人进行过性行为的比数是黑人进行过性行为比数的 0.282 倍，因为 $O_w / O_b = 0.244/0.864 = 0.282$。反过来看，黑人进行过性行为的比数是白人的 3.541 倍，因为 $O_b / O_w = 0.864/0.244 = 3.541$（关于男女之间性行为的比数比，请参考 Morgan & Techman, 1988）。同样，我们可以创建四组（种族、性别）性行为的比数比，也就是比较表 3.1 给出的白人男性、白人女性、黑人男性和黑人女性。

表 3.1　按性别和种族分组的青少年性行为的报告（数据来自国家儿童调查）

种族	性别	性行为		比数	概率	概率的 Z 值
		有	没有			
白人	男性	43	134	0.321	0.243	−0.696
	女性	26	149	0.174	0.149	−1.041
	总计	69	283	0.244	0.196	−0.856
黑人	男性	29	23	1.261	0.558	0.146
	女性	22	36	0.611	0.379	−0.308
	总计	51	59	0.864	0.464	−0.090

资料来源：Morgan & Teachman, 1988：表 3。

比数比作为一个相关性的测量有四个主要的描述性特质（Fienberg, 1980；Morgan & Teachman, 1988）：

1. 通过比数比，可以看出从一个比数变化到另一组比数时，它们之间是一个清楚的相乘的变化关系。一个比 1 大的比数比说明某事件发生的机会比它不发生的机会增加(比如,黑人有过性行为的比数是白人有过性行为比数的 3.541 倍),一个比 1 小的比数比说明某事件发生的比数比起没发生的比数来说减少(例如,白人有过性行为的比数小于黑人的比数而且只有黑人的 0.282 倍)。请注意,在相加的模型里,比如那些经典的回归里面,与上面不同,前者是以 0 而不是 1 作为负向和正向关系的分界点。如果我们将比数比取对数,它就变成了比数比对数,也就和在经典回归里用 0 来指明的影响力的符号一样具有相加的特性。

2. 除了“符号”会改变之外,变量的次序变化产生的结果不变。例如,如果我们把比较的顺序变化一下,$O_b/O_w = 1/(O_w/O_b)$。

3. 即使变量的频率成倍数变化,结果也不会有什么变化。如果我们增加这个性行为例子里面的样本量,我们得出的比数和比数比应该都是差不多的。

4. 这样的理解可以用于研究有更多个反应类别的因变量以及有多个解释变量的模型。最后一个特性来自在多维度列联表里面比数比同样的特点。

这些特点也帮助我们去理解 logit 模型里面的参数估计。表 3.2 给出了用表 3.1 里面的数据生成的各种模型系数。首先,似然比统计数(LR 统计)说明此模型是统计上显著区别于虚无假设或者用一个 χ^2 检验做出来显著区别于(自由度为 2 时计出 37.459)仅仅有截距的(或者说一切未知)模型。两个变量的估计都显著区别于 0,这是根据 $\hat{\beta}$ 值相对于其估计的

表 3.2 根据表 3.1 数据得出的 Logit 模型估计

变 量	$\hat{\beta}$	se($\hat{\beta}$)	p	exp($\hat{\beta}$)
白 人	−1.134	0.226	0.000	0.269
女 性	−0.648	0.225	0.004	0.523
常 数	0.192	0.226	0.365	1.212
LR 统计	37.459			
自由度 df	2			

渐进标准误得出的大小判断出来的,并进一步从标为 p 的那一列看出。其中标为 p 的那一列里面的内容是得出第一类错误的概率的上限(这样的一种显著性检验通常是通过衡量一个检验统计量——取决于所用的统计软件包,是 Wald χ^2 或者 Z 统计。我是在 SAS 6.08 里面使用了 PROC LOGISTIC,利用的就是 Wald χ^2 统计)。

将 $\hat{\beta}$ 取指数,所得出的就是表 3.2 最后一列标记为"exp($\hat{\beta}$)"的内容。这一列里面的值给出的就是在控制了其他因素后,一个解释变量上一个单位的变化对转化后的 η 上期待的值造成的改变,或者说是某个事件发生相对于它没有发生的比数上的改变。对于二分和连续变量来说,解释都是一样的。在当前的例子里,我们主要关注的是二分自变量,在下一章,我们会仔细讨论针对连续自变量的解释。在现在这个例子里,在种族或者性别上一个单位的变化(从 0 变到 1)实际上就是在转换被命名为"白人"的虚拟变量里面黑人换为白人,或者"女性"这个虚拟变量里男人换为女人。因此,解释某事件发生比数的边际效应是无异于解释在每一组里面发生的比数的比数比。

利用这种解释,控制了其他条件后,白人发生性行为的比数是黑人的 0.269 倍。这个估计值比我们之前计算出来的观察到的比数比 0.282 略低。如果在模型里包括了性别和种族的相互作用的话,观察到的和估计出来的两者之间的比数比的差就会消失。

如果研究者们仅希望关注黑人比白人而非反过来,我们可以直接用目前的估计值来计算,不用再去建模了。根据比数比的特性 1 和 2,我们需要做的就是把相关的 $\hat{\beta}$ 的符号换一下,也就是把−1.314 换成 1.314 并取指数,得出的比数比就是 3.721。我们可以用同样的方法计算"女性"的估计值得出 1.912。因此,男性有性行为的比数比女性高,是女性的 1.912 倍。我们能看出,解释 x 变量对某事件发生的比数的边际效应其实还是很简单而且很灵活的。

给定自变量后预测概率

因为某事情发生的概率非常容易理解,我们也非常希望能在给定了一系列 x 自变量后,把某事件发生的概率计算出来。最初的问题就是我们如何选择这一系列 x 的值。如果我们有许多自变量,有一些是类别变量,有一些是连续变量,我们可以只关注一到两个关键的自变量,然后将其他的值都设定为样本的均值。如果我们选择的这一两个关键变量是离散的而其他的都是连续的,我们可以来画一幅图,针对一系列连续的 x 值画出在每一个类别里面得出的概率。当我们关注序列 logit 模型时,我们会在第 4 章看到一个例子。我们要在连续变量里取多少个数据点来得出预测呢?这主要是看一个人自己的判断。其实最后就是简洁明了与细致精确两者的平衡。在当前性行为的例子里面,我们可以计算出所有自变量的值里面的预测概率，因为其实我们的模型里面只有两个二分变量。

第二个问题就是，我们如何计算预测的概率呢？我们利用等式 3.5，是用 β 和 x 来表达事件的概率函数。对每一个小类别组，白人女性、白人男性、黑人女性、黑人男性里，我们都有一个预测的概率。将所有预测青少年有过性行为概率的等式写出来，我们得到：

$$\text{Prob}_{\text{wf}}(y=1)=\frac{e^{0.192\cdot\text{常数}-1.314\cdot\text{白人}-0.648\cdot\text{女性}}}{1+e^{0.192\cdot\text{常数}-1.314\cdot\text{白人}-0.648\cdot\text{女性}}}$$

$$=\frac{e^{0.192\cdot 1-1.314\cdot 1-0.648\cdot 1}}{1+e^{0.192\cdot 1-1.314\cdot 1-0.648\cdot 1}}=0.146 \quad [3.8]$$

分子上第一个 1 就是常数的值，第二个是白人二分变量里白人的编码，第三个是女性二分变量里面女性的编码，0.192，−1.314，−0.648 分别是截距的系数估计、种族变量的系数估计和性别变量的系数估计。与此类似，对于白人男性青少年来说，预测的有性行为的概率是：

$$\text{Prob}_{\text{wm}}(y=1)=\frac{e^{0.192\cdot 1-1.314\cdot 1-0.648\cdot 0}}{1+e^{0.192\cdot 1-1.314\cdot 1-0.648\cdot 0}}=0.246 \quad [3.9]$$

对于黑人女性来说，预测的有过性行为的概率是：

$$\text{Prob}_{\text{bf}}(y=1)=\frac{e^{0.192\cdot 1-1.314\cdot 0-0.648\cdot 1}}{1+e^{0.192\cdot 1-1.314\cdot 0-0.648\cdot 1}}=0.388 \quad [3.10]$$

最后，对于黑人男性来说，预测的有过性行为的概率是：

$$\text{Prob}_{\text{bm}}(y=1)=\frac{e^{0.192\cdot 1-1.314\cdot 0-0.648\cdot 0}}{1+e^{0.192\cdot 1-1.314\cdot 0-0.648\cdot 0}}=0.548 \quad [3.11]$$

这些预测的概率告诉我们每一组里面有多少成员有过性行为，因此给出了一个简单、直观的理解。基于 logit 模型，当预测了大约 55%的黑人男性有过性行为的时候，只预测了大约 15%的白人女性青少年有过性行为。读者也可以与表 3.1 中观察到的概率与目前预测的分组概率相比较。

发生某事件概率的边际效应

我们不去检验 x 变量对比数的边际效应了，取而代之，我们去看这个变量对发生某事件的概率所带来的边际效应。可以用下面的等式来表示：

$$\frac{\partial \mathrm{Prob}(y=1)}{\partial x_k}=\frac{e^{\sum_{k=1}^{K}\beta_k x_k}}{(1+e^{\sum_{k=1}^{K}\beta_k x_k})^2}\beta_k=P(1-P)\beta_k$$

[3.12]

圆背的 d，∂，意思是偏导数或者说边际效应，P 是 $\mathrm{Prob}(y=1)$的简写，$1-P$ 表示的是 $\mathrm{Prob}(y=0)$，如同在等式 3.5 和等式 3.6 里面一样。与解释边际效应对比数造成的影响不同，自变量值不同时在对数上的边际效应保持不变，可是对于概率来说，自变量的值不同时在概率上的边际效应都是不一样的，因此，概率是与 x 的值相关的(请参考 DeMaris，1990；Greene，1990；Hanushek & Jackson，1977)。此外，偏导数只给出了二分因变量在概率上边际效应的粗略估计，尽管对于连续变量来说，这种估计还是很接近的。至于为什么偏导数对于连续变量来说是一个对边际效应的近似，读者可以参考标准微积分的课本，例如霍夫曼和布拉德利(Hoffman &

Bradley, 1989)的书。导数通常就是计算 x 上每一个单位的变化对 y 带来的影响,因为在改变之前和之后,概率都是很容易计算出来的,这会对导数的使用带来一些困惑,因此在社会科学界也有些争议(例如,DeMaris, 1993; Roncek, 1991, 1993)。

一个函数的导数只对连续变量有定义。对于离散变量,例如这些二分变量只在0和1上面有值来说,导数是没有定义的,尽管在实际运用中,它们可以给出一个粗略的对二分变量影响的估计。一个更好的估计是计算二元变量中每一个类别里面的概率的差,作为边际效应(Greene, 1990; Roncek, 1991)。我们接下来会用这个简单例子里面的二分变量来解释说明计算概率上的边际效应的方法,然后比较这些边际效应,也就是使用这些预测的概率的差来估计。读者如果想知道更多关于二分和连续变量在解释边际效应上的区别,可以参考第5章的内容。

对于目前这个例子,我们可以利用前面算出的四个分组里面预测的概率(也就是模型里面所有 x 的可能的值)来得出边际效应。具体来说,白人和黑人女性有过性行为概率的差就是−0.242或者0.146−0.388=−0.242。如果我们用黑人女性的概率来计算偏导数,种族的边际效应就是大约−0.312或者 $P(1-P)\beta_k = 0.388(1-0.388)(-1.314) = -0.312$。这个估计比实际上概率的差要多出了0.07。与此类似,对于白人女性和白人男性来说,有过性行为的概率的差估计为−0.100或者是0.146−0.246=−0.100。如果我们用白人男性的概率来计算偏导数,性别的边际效应大约就是−0.120或者0.246(1−0.246)(−0.648)=−0.120。这个估计大约比实际对应的概率的差多出了 0.02。此外，白人男性和黑人男性有过性行为的概率上的差估计为－0.302 或者 0.246－0.548＝－0.302。如果我们用白人男性的概率来计算一个偏导数，种族的边际效应就是－0.325 或者 0.548(1－0.548)(－1.314)＝－0.325。这个估计比实际上对应的概率的差要多了 0.023。与此类似，对于黑人女性和黑人男性来说，经历过性行为的概率差为－0.160 或者 0.388－0.548＝－0.160。如果用黑人女性的概率来计算出偏导数，性别的边际效应大约是－0.161 或者 0.548(1－0.548)(－0.648)＝－0.161。这个估计比实际上对应概率的差要多了 0.001。对于一个连续的变量，我们会给出一个解释性的说明，比如，我们会说在控制了其他变量之后，给定 x_k 上一个单位的改变(或者增加)，对事件概率带来的期待的改变大约为 $P(1-P)\beta_k$。总的来说，一个自变量在概率上的边际效应随着事件概率的水平而变化，进而取决于一系列解释变量的值。

这两个方法之间的差异——取偏导数和计算两个预测的概率差——是由于要对虚拟变量取偏导数，因为变量的值要么是 0 要么是 1，可是一个偏导数基于的却是一个在 x_k 上非常微小的接近于 0 的变化所带来的在概率上期待的一个瞬时的变化。在连续变量上，一个单位的改变趋近于一个很小的值，因此偏导数也就近似于边际效应；然而对于只有 0 和 1 两个值的虚拟变量来说，唯一能变的就是从 0 变成 1 和从 1 变成 0，是一个 100％的改变。因此，很清楚，一个近似究竟有多么好取决于测量究竟有多么精细，即使针对连续变量也是如此。尽管用偏导数来解释虚拟变量的影响在关系函数是它本身的线性关系模型里面没有任何的问题，因为其他关系函数不再是线性的了,但对于这些广义的线性模型来说不一致性却是存在的,因此,针对虚拟变量取偏导数会导致对边际效应的夸大,如果采用的是偏导数的方法来解释虚拟变量,就需要小心。这个值可能会与真实值有出入(例如刚才的例子里比较的),虽然可能并不会差距很大。在第5章里会进行针对虚拟变量和连续变量,用偏导数和预测概率的差的方法的比较。当一个连续变量加入比较时,情况就会非常明确。

还有另外一种解释方法,那就是忽略对 x 值的依赖,而是计算一个假设的事件概率的边际效应。我们也许会问,如果对白人和黑人女性来说,观察到的事件概率(或者比例)是完全一样的,那么这些人的边际效应分别是什么呢?或者更广泛地讲,我们可以计算出在 p 值分别等于0.00,0.25,0.50,0.75和1的时候的边际效应。这么做会给出边际效应的范围,但是却忽略了现实社会,因为在给定的样本里,只有在一定范围内的概率才可能存在,这些概率与每个人的特点又都相关联。总的来说,尽管头两种对logit模型结果的解释很简易,但在实证社会科学研究里,用边际效应解释对概率的影响还是比较少见的。

第 3 节 | Probit 模型

在研究二项分布的时候，probit 模型代表了另一种广为应用的统一模型。它的使用至少能够回溯到 20 世纪 60 年代早期的计量经济学(Goldberger, 1964)。请参考奥尔德里奇和纳尔逊(Aldrich & Nelson, 1984)、格林(Greene, 1990)，以及马达拉(Maddala, 1983)的介绍。在广义线性模型中，probit 模型有一个 probit 关系函数：

$$\eta = \Phi^{-1}(\mu)$$

正态的累积分布函数的倒数实际上是一个标准化了的变量，或者是一个 Z 分数。与 logit 模型一样，probit 模型是研究一个二分的结果变量的。我们可以用概率来表示 probit 模型：

$$\begin{aligned}\text{Prob}(y=1) &= 1 - F(-\sum_{k=1}^{K}\beta_k x_k) = F(\sum_{k=1}^{K}\beta_k x_k) \\ &= \Phi(\sum_{k=1}^{K}\beta_k x_k)\end{aligned} \qquad [3.13]$$

更广义的累积分布函数 F，被标准正态累积分布函数 Φ 代替。logit 模型与 probit 模型不同，logit 模型只能有两个主要的形式——一个用 logit 来表达(还有一个转化了的使用比数来表达的)，还有一个用事件概率来表达——可 probit 模型只有这一个很直观的有意义的形式,因为用 η 表达的 probit 模型是一个事件概率的 Z 分数的线性回归。没有事件发生概率的等式就是:

$$\text{Prob}(y=0)=1-\Phi(\sum_{k=1}^{K}\beta_k x_k) \qquad [3.14]$$

该等式完全可以从等式 3.13 得出,因为这个事件的结果是二分的。

表 3.3　根据表 3.1 的数据估计出的 Probit 模型

变　量	$\hat{\beta}$	$se(\hat{\beta})$	p
白　人	−0.789	0.144	0.000
女　性	−0.377	0.131	0.004
常　数	0.106	0.138	0.584
LR 统计	37.379		
自由度 df	2		

第 4 节 | 解释 Probit 模型

probit 模型没有其他形式，这就限制了它在解释时的灵活性。这一点可以由解释 x_k 对 η 的影响反映出来。

在 η 上的边际效应

在 probit 模型里面，η 就是标准正态累积分布函数的倒数，因为没有一个简单转化 η 的方法，解释在 η 上的边际效应就意味着解释 x 变量在标准正态累积分布函数上的一个线性的可加的影响。尽管我们可以看到标准正态累积分布函数是一个 Z 分数的倒数，但这样的解释距离直观的理解依然很远。在表 3.3 中，我将表 3.1 数据里面得出的 probit 模型的结果记下。例如，种族的影响，称做白人（-0.789），就是白人的 Z 分数和黑人的 Z 分数的差。这种 Z 分数的期望差值应该与观察到的差值接近。将黑人的 Z 分数（男和女）以及白人的 Z 分数（男和女）相减得出了 -0.766，因为基于表 3.1 的最后一列，$-0.856-(-0.09)= -0.766$。因此对 Z 分数来说，所期待的影响与观察到的值仅仅相差 0.023。

我们也可以进一步将 Z 分数转化成概率，然后将边际效应转化到针对事件的概率上来。这就给我们提供了两个有用的解释方法——预测的概率以及在事件概率上的边际效应。因为直接利用它们在 Z 分数上的影响来解释参数估计值(比起解释在转化后的 η 上和在 logit 模型里面的比数上的影响)缺乏直观的意义，我将大部分的讨论集中在后面的这两种解释方法上。

给定一系列自变量后预测的概率

通过预测的概率来解释 probit 结果与解释 logit 结果是一样的，唯一不同的就是它们的累积分布函数不同。等式3.13和等式3.14给出了事件发生和事件没发生的概率。针对四个分组预测的概率如下：

$$\begin{aligned}\text{Prob}_{\text{wf}}(y=1)&=\Phi(0.106\cdot\text{常数}-0.789\cdot\text{白人}\\&\quad-0.377\cdot\text{女性})\\&=\Phi(0.106\cdot 1-0.789\cdot 1-0.377\cdot 1)\\&=0.145\end{aligned}\qquad[3.15]$$

$$\begin{aligned}\text{Prob}_{\text{wm}}(y=1)&=\Phi(0.106\cdot 1-0.789\cdot 1-0.377\cdot 0)\\&=0.247\end{aligned}\qquad[3.16]$$

$$\begin{aligned}\text{Prob}_{\text{bf}}(y=1)&=\Phi(0.106\cdot 1-0.789\cdot 0-0.377\cdot 1)\\&=0.393\end{aligned}\qquad[3.17]$$

$$\begin{aligned}\text{Prob}_{\text{bm}}(y=1)&=\Phi(0.106\cdot 1-0.789\cdot 0-0.377\cdot 0)\\&=0.542\end{aligned}\qquad[3.18]$$

与在 logit 模型里面利用一个普通计算器就可以计算预测的概率不同，在 probit 里面涉及 Φ 意味着一个统计软件包是必需的。幸运的是，最广为应用的软件包例如 SAS，SPSSX，BMDP 和 LIMDEP 都可以简单地计算这个函数。为了快速计算，也可以去查一查在正态分布曲线下面的统计表（将 Z 分数和概率相关联起来）。

从 probit 模型里得出的预测概率基本上与从 logit 模型里面得出的结果一样，它们仅仅相差千分之五。因此根据结果所得出的结论也相似。如果计算 Φ 函数很容易，这些概率也就跟用 logit 模型一样容易计算出来。

对某事件概率的边际效应

与在 logit 模型里面第三种解释的方法类似，我们检验的是一个自变量 x_k 的概率的偏导数（Greene，1990；Maddala，1983）：

$$\frac{\partial \mathrm{Prob}(y=1)}{\partial x_k}=\phi\left(\sum_{k=1}^{K}\beta_k x_k\right)\beta_k \qquad [3.19]$$

ϕ 代表的是标准正态概率密度函数。将表 3.3 的结果代入等式 3.19，我们得出下列结果。

因为 $\phi(\cdot)$ 的结果是所有 x 值的一个函数，我们只能通过赋予 x 一些特定的值来计算边际效应。我们可以再次计算出四个分组的边际效应（其中包括了例子里所有可能的 x 变量的值）。让我们用一个类似于解释连续变量的方法来解释种族和性别带来的影响，但是要记得，这些仅仅是一些粗略的估计。对于黑人女性 $[\phi(0.106 \cdot 1 - 0.789 \cdot 0 - 0.377 \cdot 1) = 0.385]$，种族的边际效应就是 $(0.385)(-0.789) = -0.303$，意味着对于一个黑人女性每一个单位的变化（也就是变成白人女性),在性别不变的情况下,事件发生的概率会减少大约0.303。与此类似,对于白人男性[$\phi(0.106\cdot1-0.789\cdot1-0.377\cdot0)=0.316$],性别的边际效应是$(0.316)(-0.377)=-0.119$,也就是对于白人男性在性别上改变一个单位(变成了白人女性),在保持种族不变的情况下,会让事件发生的概率降低大约0.119。对于黑人男性[$\phi(0.106\cdot1-0.789\cdot0-0.377\cdot0)=0.397$],种族和性别的边际效应分别是$-0.313$和$-0.150$,也就是说保持性别不变,一个黑人男性在种族上改变一个单位(他变成了一个白人男性),会让事件发生的概率降低大约0.313;保持种族不变,一个黑人男性在性别上变化一个单位(也就是成为黑人女性),会让事件发生的概率降低大约0.150。再一次强调,如同在logit模型里的例子,如果与根据等式3.15到等式3.18计算出来的预测概率的差相比,虚拟变量的偏导数就会夸大边际效应的值。读者也许想利用概率的差来计算出更加准确的边际效应。如果比较根据等式3.19计算出来的边际效应和从logit模型里面计算出来的概率差对应的边际效应,差异的确存在,但是非常小,也就是说,两个方法所得出的结果在本质上还是一致的。

第 5 节｜Logit 还是 Probit 模型呢？

现在我们知道了两个模型的很多相似之处，其实在大部分情况下，任何一个模型都能给出一样的结论。实际上，一个人可以把从一个模型得出的估计结果转换到另外一个模型得出的估计结果。如果我们把 probit 估计乘以一个数，就可以得出一个对应着 logit 估计值的近似。这个数值一般被认为是 $\pi/\sqrt{3}=1.814$(Aldrich & Nelson, 1984)。然而，雨宫(Amemiya, 1981)认为，值为 1.6 更接近真实数值。最准确的值其实是在这两个值之间或接近这两个值。当然也有一些情况下 logit 和 probit 模型得出的估计是差得非常远的，这样就一定要去考虑使用最合适的模型了。一般这都出现在有一些非常大的观察值或者一些集中在一个分布的末端的值的情况下(Amemiya, 1981)。对于尾端比重很大的分布来说，logit 模型应该是更合适的。

第4章

序列 Logit 和 Probit 模型

序列的 logit 和 probit 模型，也被称做序列响应、分级响应或者嵌套 logit 或 probit 模型，是二分 logit 和 probit 模型的自然延伸。适用于二分的 logit 和 probit 模型也就适用于序列模型，因为一个序列模型通常本质上就是一系列二分结果的模型。也有一些例外，序列里的一个阶段可能是另外一种概率模型了，例如是多选项模型。鉴于 logit 和 probit 模型的相似性以及 logit 模型的广泛应用的灵活性，我们主要关注一下实践应用里面的序列 logit 模型。

第1节 | 模型

有时，一些应变量的结果是很多样的，但它们并不是一些完全离散的毫无关联的类别。这些反应的类别可以看做一系列阶段。晚期的响应是嵌套在早期的响应里面的。例如，结婚的决定是分两个阶段的——一个人是否计划结婚，然后就是这个婚姻是否会在结束某种教育程度之前开始（例如完成高中或者大学学历）。

马达拉（Maddala，1983）在社会科学文献里面考虑了两个序列回答模型的例子。一个涉及一系列的教育成就：

$y=1$ 如果某个人没有完成高中教育

$y=2$ 如果某个人完成高中但没有完成大学教育

$y=3$ 如果某个人完成了大学教育但没有一个专业学历

$y=4$ 如果某个人拥有一个专业学历

相对应的概率可以写做（Amemiya，1975；Maddala，1983）：

$$P_1 = F\left(\sum_{k1}^{K1} \beta_{k1} x_{k1}\right)$$

$$P_2 = \left[1 - F\left(\sum_{k1}^{K1} \beta_{k1} x_{k1}\right)\right] F\left(\sum_{k2}^{K2} \beta_{k2} x_{k2}\right) \qquad [4.1]$$

$$P_3 = \left[1 - F\left(\sum_{k1}^{K1} \beta_{k1} x_{k1}\right)\right]\left[1 - F\left(\sum_{k2}^{K2} \beta_{k2} x_{k2}\right)\right] F\left(\sum_{k3}^{K3} \beta_{k3} x_{k3}\right)$$

$$P_4=\left[1-F\left(\sum_{k1}^{K1}\beta_{k1}x_{k1}\right)\right]\left[1-F\left(\sum_{k2}^{K2}\beta_{k2}x_{k2}\right)\right]$$
$$\left[1-F\left(\sum_{k3}^{K3}\beta_{k3}x_{k3}\right)\right]$$

其中,k_1, k_2, k_3, k_4分别代表的是在 1, 2, 3, 4 阶段不同集合的变量 x 的值。将整个样本分成两部分——没有完成高中教育的和完成高中教育的——可以得出参数 β_{k1}。将样本中高中毕业了的人再分成两部分——完成大学教育的和没有完成大学教育的——可以得出参数 β_{k2}。再将样本中完成大学教育的人分成两部分——有职业学历的和没有职业学历的——可以得出第三阶段参数 β_{k3}。请注意,对于二分模型,我们总是要去估计 $J-1$ 个参数集合的估计,其中 J 是整个回答里面的类别。在序列模型里面的每个阶段,一个二分模型都可以用 logit 或者 probit 模型来估计。

另外一个例子是麦卡拉和内尔德(McCullagh & Nelder, 1989)关于辐射导致死亡的病理学研究。这个研究有三个阶段:第一阶段,暴露于和没有暴露于辐射的人在研究结束时被划分为生存和死亡。第二阶段,死亡又再次被划分为是由于癌症死亡还是由于其他的原因。第三阶段,癌症死亡的人又再次被划分为是由于白血病死亡还是由于其他种类的癌症而死亡。这个模型完全可以像第一个教育获得的模型来建立,并且有同样个数的参数估计 β_k。

有时候,所得的结果并不仅仅是很有序地分布在决策树的某一个分支上。马达拉(Maddala, 1983)讨论了克拉格和尤勒(Cragg & Uhler, 1975)关于私家车需求的研究模型,提供了另外一种做决定的次序。模型包括了一系列二分的选择:

$y_1=1$　如果此人购买了一辆新车

$y_1=2$　如果此人没有购买新车

$y_2=1$　如果此人购买了一辆新车去代替原来的旧车

$y_2=2$　如果此人购买了一辆新车还保留原来的旧车

$y_3=1$　如果此人没有购买新车但卖掉了旧车

$y_3=2$　如果此人既没有购买新车也没有卖掉旧车

这里有四个值得关注的概率：

$P_1=$换了一辆车的概率

$P_2=$增加一辆车的概率

$P_3=$卖掉一辆车的概率

$P_4=$没有任何改变的概率

这些概率可以用与三个 y 有关的β_{k1}，β_{k2}，β_{k3}来定义。将整个样本划分为买过新车和没有买过新车的人可以估计出参数β_{k1}。将新车买主的子样本划分为换了旧车和增加汽车数量的两组可以估计出参数β_{k2}。将没有买车的人的子样本划分为卖了旧车和这些没有做任何改变的两部分可以估计出参数β_{k3}。我们可以将这些概率写为：

$$
\begin{aligned}
P_1 &= F\left(\sum_{k1}^{K1}\beta_{k1}x_{k1}\right)F\left(\sum_{k2}^{K2}\beta_{k2}x_{k2}\right)\\
P_2 &= F\left(\sum_{k1}^{K1}\beta_{k1}x_{k1}\right)\left[1-F\left(\sum_{k2}^{K2}\beta_{k2}x_{k2}\right)\right]\\
P_3 &= \left[1-F\left(\sum_{k1}^{K1}\beta_{k1}x_{k1}\right)\right]F\left(\sum_{k3}^{K3}\beta_{k3}x_{k3}\right) \qquad [4.2]\\
P_4 &= \left[1-F\left(\sum_{k1}^{K1}\beta_{k1}x_{k1}\right)\right]\left[1-F\left(\sum_{k3}^{K3}\beta_{k3}x_{k3}\right)\right]
\end{aligned}
$$

再次强调，序列模型可以用一系列的二分 logit 或者 probit 来计算。

序列logit模型在社会科学研究中有直接的应用。普洛特尼克(Plotnick，1992)通过一个有两个阶段的序列logit模型研究了婚前怀孕。在第一阶段，他使用的是一个二分的logit模型，在第二阶段，他使用的是一个多类别的logit模型（关于多类别logit模型，请参考第6章）。

$y_1=1$　如果青少年女性有过婚前怀孕

$y_1=2$　如果青少年女性没有婚前怀孕

$y_2=1$　如果青少年女性有过婚前怀孕而且进行了人工流产

$y_2=2$　如果青少年女性有过婚前怀孕而且在生产前结婚

$y_2=3$　如果青少年女性有过婚前怀孕而且在生产后结婚

在这个序列模型里，值得关注的概率可以表达为：

$$P_{ij}=P_i\cdot P_{j|i} \qquad [4.3]$$

其中，P_i代表的是结果为y_1的概率，$P_{j|i}$代表的是结果为y_2的条件概率，P_{ij}就是最终我们需要的概率。

在研究配偶在个人社交网络中的影响时，廖和史蒂文斯(Liao & Stevens，即将出版)为已婚个人将他们的配偶作为重大问题的第一倾诉对象的可能性建立了一个模型，使用的就是一个有两个阶段的序列模型：

$y_1=1$　如果已婚人士将配偶包括在倾诉对象里面

$y_1=2$　如果已婚人士没有将配偶包括在倾诉对象里面

$y_2=1$　如果已婚人士将配偶包括在倾诉对象里面并作为第一选择

$y_2=2$　如果已婚人士将配偶包括在倾诉对象里面但并非作为第一选择

这里，我们使用了一个序列 logit 模型，其中每一个阶段都有一个二分的 logit 模型。值得关注的概率与等式 4.3 定义的类似——P_i 与 y_1 相关（将配偶包含在了社交网络里面），$P_{j|i}$ 与 y_2 有关（将配偶认定为第一或者非第一的选择），P_{ij} 就是最后需要的概率。

序列模型里面很重要的一点就是，选择的概率在每一个阶段都应该与在其他阶段里面的选择概率互相独立(Maddala, 1983)。换句话说，结果 y_1，y_2 等都应该在概念上和统计学上互相独立。同时，假设的整个次序也可能是根据理论所搭建出来的模型之一。例如，研究者也许会假设一个市民决定是否会进行投票，然后再去决定选择某一个候选人，但是这个次序反过来也是可行的，因为这两个决定很可能是同时或者互相交叉着做出的。

第 2 节 解释序列 Logit 和 Probit 模型

因为一个序列 logit 模型包括一系列的二分 logit 模型，所以对序列 logit 模型的解释基本上用的就是二分 logit 模型的方法。与此类似，解释序列 probit 模型也遵循二元 probit 模型的解释方法。我在下面会强调一下两者的区别。

对 η 或者转化过的 η 的边际效应

无论是否转化过，序列模型在每一个阶段都有它自己的 η。这可以从 β_{k1}，x_{k1}；β_{k2}，x_{k2}；β_{k3}，x_{k3} 等得到支持，每一组 β_k 和 x_k 都对应着一个独一无二的 η 或者转化过的 η。因此，对 η 或者转化过的 η 的边际效应都要分别针对每一个阶段分开解释。因此这和对于某个阶段的特定二分 logit 或 probit 模型的解释是一样的。我们现在来看一个连续变量对比数产生影响的例子。

让我们用一个社交网络的例子来说明如何在一个序列 logit 模型里面预测概率。表 4.1 使用了 1985 年综合社会调查，表示了一个序列 logit 模型里面的参数估计、它们的标准误，以及相对应的一类错误概率的估计。如需更多细节，请

表 4.1 1985 年综合社会调查序列 Logit 模型估计

因变量	是否包括了配偶？（y_1）				配偶是否第一选择？（y_2）			
样本	已婚男性				$y_1=1$ 的已婚男性			
自变量 x	$\hat{\beta}$	se($\hat{\beta}$)	p	$\bar{x}$	$\hat{\beta}$	se($\hat{\beta}$)	p	$\bar{x}$
社交网的大小	0.207	0.074	0.005	2.94	0.075	0.140	0.596	3.25
单人社交网？	—	—	—	—	9.359	14.184	0.509	0.20
年龄	0.079	0.057	0.171	47.81	0.068	0.098	0.488	45.07
年龄的平方	−0.001	0.001	0.083	2 517.4	−0.001	0.001	0.418	2 232.5
白种人？	0.897	0.445	0.044	0.92	0.759	0.879	0.388	0.95
天主教徒？	0.166	0.267	0.533	0.31	−0.247	0.369	0.503	0.32
子女数目	−0.178	0.080	0.026	2.45	−0.222	0.134	0.098	2.25
教育年数	0.046	0.072	0.528	12.50	−0.032	0.089	0.723	13.10
农村居民？	−0.485	0.259	0.061	0.31	0.107	0.390	0.784	0.25
结婚年龄	−0.012	0.027	0.653	23.60	−0.027	0.043	0.539	23.53
配偶相似程度								
同信仰？	0.818	0.379	0.031	0.89	1.374	0.567	0.016	0.91
教育年数差	−0.196	0.218	0.367	1.83	−0.692	0.381	0.069	1.73
教育年数乘以教育年数差	0.012	0.017	0.472	23.40	0.053	0.026	0.039	24.22
常数	−2.558	1.653	0.122	—	−1.464	2.528	0.562	—
模型 χ^2 和自由度	62.710&12				60.913&13			
N	370				232			

注：二分变量用问号标出，1 就是"有或者是"，0 就是"没有或者不是"。

资料来源：Liao & Stevens，即将出版：表 1 和表 2。

参考廖和史蒂文斯(Liao & Stevens)即将出版的著作。

问题就是看一看受访者在讨论到重要的问题时会不会咨询其配偶。这样一个决定经过了两个步骤的构思：首先，这个配偶是否包括在了这个讨论重要事务的倾诉对象这个关系网里面；然后，如果是包括在倾诉对象关系网里，那就看一看配偶是不是作为第一个倾诉对象。

其中，在第一阶段里面，在统计上有显著影响的一个变量就是这个受访者子女的数目。子女数目对于将配偶包括在倾诉对象里面的比数影响是 $\exp(-0.178)=0.837$。因此，在其他变量保持不变的情况下，已婚男性每多一个子女，就会使将配偶作为倾诉对象的比数降低 0.837 倍。换句话说，与没有多出这一个子女的已婚男性相比，增加了一个子女的已婚男性将配偶作为倾诉对象的比数仅仅是前者的 0.837 倍。这个结果不会受到回答次序的影响。

在自变量给定了特定值后预测概率

计算预测概率使用的方法和在二分 logit 和 probit 模型里面一样。与二分结果不同的就是在序列模型里面预测概率涉及乘以一个相对应阶段的概率，而对于二分的模型来说，直接算出来的就是一个单一阶段模型的结果。上一个部分里面的四个例子可以作为各种不同的回答模型的一个指引。关键就是要把 y 的定义非常清楚地写出来，以写出哪个判定是以哪个子样本为条件。只要这个做好了，概率的等式就能很自然地写出来了。在决定每一步的概率时，画一个决策树还是很有帮助的。

在这个社交关系网的例子里，我们关心的是异质婚姻(heterogamy)的效果，也就是配偶个人背景的差异。有三个变量测量了这个同质性或者异质性：已婚的两个人的宗教背景是否相同、所完成的教育年数的差异，以及配偶和受访者受教育程度差异的相互影响与受教育的年限。这些变量都在表 4.1 里面的"婚姻相似程度"标出。

预测婚姻的各种程度的同质性(homogamy)或者异质性的非条件概率定义为：

$$\mathrm{Prob}(y_2=1)=\mathrm{Prob}(y_1=1)\cdot\mathrm{Prob}(y_2=1\mid y_1=1)$$

$$=\frac{e^{\sum_{k1}^{K1}\beta_{k1}x_{k1}}}{1+e^{\sum_{k1}^{K1}\beta_{k1}x_{k1}}}\cdot\frac{e^{\sum_{k2}^{K2}\beta_{k2}x_{k2}}}{1+e^{\sum_{k2}^{K2}\beta_{k2}x_{k2}}} \qquad [4.4]$$

表 4.1 的第一列汇报的是参数 β_{k1}，在第五列汇报的是参数 β_{k2}。由于配偶的囊括会由于性别不同而导致不同，因此这个分析是分性别的。这里只显示了男性的报告。

对于除了教育以及三个与婚姻相似程度有关的变量之外的所有自变量 x，在计算中使用的都是样本的平均数。信仰相似度的虚拟变量使用了 1 和 0；对教育的差异使用了四个在研究里最常用的差异水平——没有差异、一年差异、两年差异和四年差异；对受访者完成的教育年限使用了九个水平——从 4 年到 20 年的教育里每两年一个水平。4 年和 20 年的教育年限是样本里观察到的最小值和最大值，每两年的增长应该能够将曲线上任何主要的改变表示出来。一共有 2×4×9=72 个预测的概率。背后计算的逻辑与二分的 logit 模型一样，因此没有再报告出具体的计算步骤。预测概率的值也没有都写出来，因为对于 72 个概率来说，图 4.1 和图 4.2

比表更加直观。因为教育和教育差异有一个交互项,所以预测的概率是针对教育水平画出的,其中每一类教育水平的差异都用一条曲线来表示。由于在一个表上画出超过五条或者六条曲线会比较混乱,因此我们根据宗教的异同分成了两个同样尺度的图来表示。

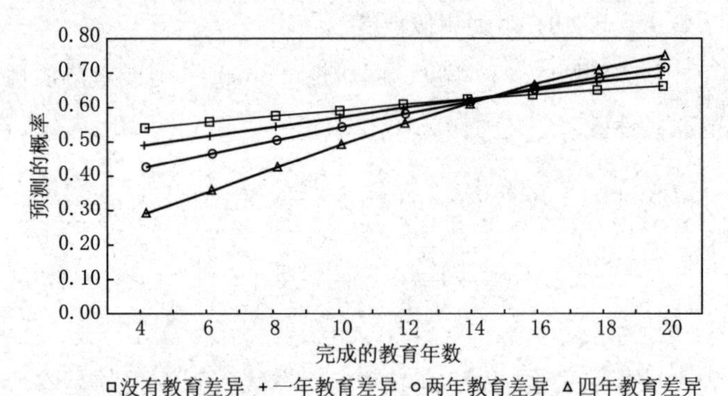

资料来源:表 4.1。

图 4.1 相同宗教团体的夫妻中丈夫将配偶作为社交网第一个倾诉对象的可能性

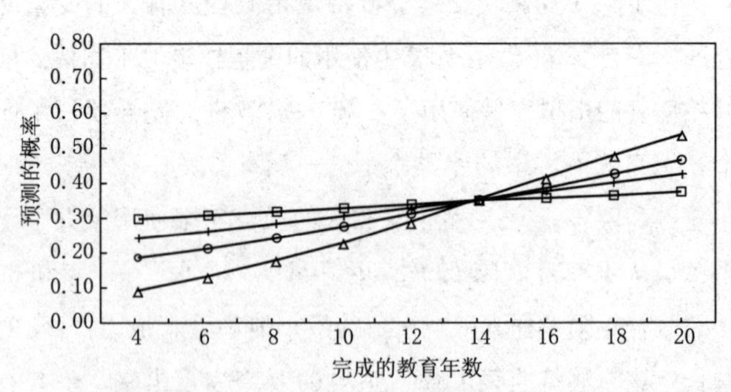

资料来源:表 4.1。

图 4.2 不同宗教团体的夫妻中丈夫将配偶作为社交网第一个倾诉对象的可能性

一旦我们根据计算出来的概率将图画出来，研究者就可以清楚地解释婚姻同质性和异质性的问题。尽管教育从整体上来说对最终的、没有条件限制的预测的将配偶作为第一选择倾诉人的概率有一个正面的影响，但这个影响随着教育差异的增加而增强。教育年数差距是 0 年的和 4 年的在预测概率上的差距超过了 0.20，前提是受访者的教育年数是一样的。而且，尽管对于属于同样的和不同宗教信仰团体的夫妻来说，教育年数和教育年数差的相互作用所带来的影响差不多，但宗教上更加趋同的夫妻中丈夫更加倾向于将配偶作为倾诉的第一选择。将图 4.1 和图 4.2 进行比较可以看出，尽管在曲线上有小小的不同，对于宗教更加趋同的四条线来说，它们将配偶作为第一选择的概率比起信仰差异组里面的四条线要高出 0.20。

边际效应对某事件概率的影响

在序列模型里面解释一个自变量对事件概率的边际效应是解释二分变量里结果的一个自然的延伸，因为序列模型里面通常都包含一系列二分结果的模型。因此我们用在每一个阶段对应的二分变量里面的偏导数，就可以计算出在序列里面针对 x_k 的在概率上的偏导数。

让我们继续用配偶社交网络的例子来说明这种解释方法。从等式 3.12 中我们可以计算出在一个二分 logit 模型里面 x_k 上每一个单位的变化对事件概率的边际效应是：

$$\frac{\partial \text{Prob}(y=1)}{\partial x_k} = \frac{e^{\sum_{k=1}^{K}\beta_k x_k}}{(1+e^{\sum_{k=1}^{K}\beta_k x_k})^2}\beta_k = P(1-P)\beta_k \quad [4.5]$$

圆背的∂就是偏导数的符号。在这个例子里，最终的无条件概率就是两个阶段里面概率的乘积。对这个概率产生的影响或者改变可以用得出的两个阶段的概率来表示为：

$$(P_1+\partial P_1)(P_{2|1}+\partial P_{2|1})$$
$$=P_1\cdot P_{2|1}+(\partial P_1\cdot P_{2|1}+P_1\cdot\partial P_{2|1}+\partial P_1\cdot\partial P_{2|1})$$
$$=P_{\mathrm{f}}+\partial P_{\mathrm{f}} \qquad [4.6]$$

其中，P_{f} 指的就是最后的概率。在有两个阶段的序列模型里面，P_{f} 对 x_k 的偏导数是 ∂P_{f}，并且包含最后一个括号里面的内容。在实证研究里，一个典型的序列模型很少会超过三个阶段，而且通常一个三阶段的序列模型里面，一次不会涉及超过两个乘积的表达(例如上文中买车的例子)。因此在大部分研究中，高中程度的线性代数应该就足够了。

在这个社交关系的例子里，用图 4.1 和图 4.2 里面的预测概率可计算两个宗教趋同或差异给概率带来的边际效应：在完成了 12 年教育的夫妻里面，把其他变量控制在样本均值后，可以估计出来只有宗教信仰不同而没有教育上的差距，以及有两年教育差与宗教信仰不同的夫妻的边际效应。于是，对于一个完成了 12 年教育的已婚男性来说，其配偶与丈夫没有教育差距但是信仰不同(“同样信仰”=0)，用表 4.1 和等式 4.4 的估计值以及平均数，我们得出 P_1 是 0.463，$P_{2|1}$ 是 0.748。对于此类丈夫，第一阶段信仰同质性带来的边际效应大约是 0.203，因为 $\partial P_1=0.463(1-0.463)0.818=0.203$；第二阶段信仰同质性带来的边际效应大约是 0.259，因为 $P_{2|1}=0.748(1-0.748)1.374=0.259$。宗教信仰同质性的通婚对最后将配偶作为第一选择的概率所带来的边际效应大

约就是0.324，因为 $\partial P_f = 0.203 \cdot 0.748 + 0.463 \cdot 0.259 + 0.203 \cdot 0.259 = 0.324$（等式4.6），说明如果丈夫和配偶在同一宗教信仰下，事件概率会增加大约0.324。

与此类似，对于一个受过12年教育的已婚男性，在与配偶有两年的教育差而且宗教所属团体不同（“同样信仰”＝0）的婚姻中，用表4.1和等式4.4里面的参数估计和平均数能计算出 P_1 是0.439，$P_{2|1}$ 是0.726。对于此类丈夫，第一阶段宗教同质性的边际效应大约是0.201，因为 $\partial P_1 = 0.439(1-0.439)0.818 = 0.201$；第二阶段信仰同质性带来的边际效应大约是0.273，因为 $P_{2|1} = 0.726(1-0.726)1.374 = 0.273$。宗教信仰同质性的通婚对在最后将配偶作为第一选择的概率的边际效应大约是0.321，因为 $\partial P_f = 0.201 \cdot 0.726 + 0.439 \cdot 0.273 + 0.201 \cdot 0.273 = 0.321$，说明如果丈夫和配偶在同一宗教信仰下，事件概率会增加大约0.321。再次强调，一个二分变量的偏导数仅仅是一个粗略的近似（请参考第5章）。将相对应的预测出来的最终概率相减会得到0.263和0.265的边际效应，说明取偏导数依然会夸大边际效应。预测的宗教趋同性的边际效应对概率上产生的影响其实很有限，尽管它随着婚姻当中教育差距的变化而变化（以及受教育水平，但这里并没有考察）。

下面我们要看教育年数带来的影响，即其作为一个连续变量，对最终将配偶作为第一倾诉对象的（无条件）概率上产生的作用。因为教育年数与配偶教育年数差之间有相互影响的作用，等式4.5的结果与线性回归里面交互项解释边际效应类似，需要变成 $P(1-P)(\hat{\beta}_k + \hat{\beta}_{in} x_0)$，其中 $\hat{\beta}_{in}$ 代表的是交互项的参数估计，x_0 代表的是交互项里面涉及的另外一

个变量。在目前的例子里，另外一个变量就是教育年数的差距。因为我们在这里主要关注的是婚姻的同质性和异质性，所以我们选择在其他变量都取均值的同时，分开检查相同宗教信仰和不同宗教信仰的夫妻的教育年数给概率带来的边际效应。为了说明的方便，我们只看教育年数差距是0年和2年的。使用等式4.5的变体，对于信仰不同的夫妻里的丈夫来说，教育对有0年和2年教育年数差在第一阶段的边际效应大约是0.011和0.017，因为 $\partial P_1 = 0.463(1-0.463)(0.046+0.012 \cdot 0)=0.011$，然后 $\partial P_1 = 0.439(1-0.439)(0.046+0.012 \cdot 2)=0.017$。对应的在第二阶段里面的边际效应约为 -0.006 和0.015，因为 $\partial P_{2|1} = 0.748(1-0.748)(-0.032+0.053 \cdot 0)=-0.006$，然后 $\partial P_{2|1} = 0.726(1-0.726)(-0.032+0.053 \cdot 2)=0.015$。教育差距在0年和2年上对最终概率的边际效应大约是0.005和0.019，因为 $\partial P_{\mathrm{f}} = 0.011 \cdot 0.748 - 0.463 \cdot 0.006 - 0.011 \cdot 0.006 = 0.005$，然后 $\partial P_{\mathrm{f}} = 0.017 \cdot 0.726 + 0.439 \cdot 0.015 + 0.017 \cdot 0.015 = 0.019$。用同样的方法，我也计算出对于教育年数差距为0年和2年并且宗教信仰一样的夫妻来说，教育年数在丈夫选择配偶作为第一倾诉人的概率上带来的边际效应大约是0.008和0.019。因此，对于宗教不同并且教育差距是0的配偶来说，丈夫每多受1年教育，将配偶作为第一倾诉人的概率就增加了大约0.005，如果教育差距是2年的话，概率增加就是0.019。同样，对于宗教信仰相同的配偶来说，如果教育差距是0年，这个增长会比信仰不同的夫妻里效果强一些；在教育差距是2年的时候，所带来的增长就更强了。

解释此社交网络的结果的例子，可以作为一个在含有一系列二分结果的序列模型里解释在事件概率上带来的边际效应的指引。如果在一个或者更多的阶段涉及另外一种模型,例如在婚前怀孕和解决方法的例子里面一个多类别 logit 模型,可以通过相对应的延伸来计算出边际效应。读者可以阅读第 6 章关于多类别 logit 模型或者其他章节,然后将所学到的知识结合起来。

第5章

有序 Logit 和 Probit 模型

第4章里面介绍的模型Ⅰ只是处理了一种多选项的回答——序列回答。有些回答的分类的确是有顺序的，但却没有某种特定间隔。在社会科学里面这样的回答很常见。对于社会和公共观点的态度问题调查通常都用一种李克特类的量表，涵盖了由"非常不同意"到"非常同意"或者从"最不重要"到"最重要"的范围。其他一些调查问题会与这种"从不，有时候，常常，经常"以及"差，一般，好，非常好，优秀"的尺度类似，这些都是顺序回答的一些例子。社会科学里面还有些例子包括工作技能水平、教育获得的水平、雇佣状态（失业，兼职，全职）。这样的回答通常都被编码为0，1，2，3等（或者1，2，3，4等）。在这些回答选项之间可以看出一个清楚的排列，但是每两个不同的相邻类别的回答却很难被认为是平均的或者相等的。

这一类可排序的回答选项无法简单地用经典的回归来建模。普通线性回归不太合适，因为因变量无间距的特性——选项之间的间隔没有唯一的尺度。而且，尽管下一章里面多类别式logit模型可以拿来用，却无法表现出这个因变量有顺序的特性，因此也就无法利用因变量里面所有可用的信息。因此在分析此类数据时，广为应用的是有序logit和probit模型（Maddala，1983；McKelvey & Zavoina，1976）。

第1节 | 模型

这个模型是二分结果模型的另外一个自然的延伸，但是围绕着一个类似二分 logit 或者 probit 模型的潜在的回归来建立的(我们的讨论根据 Greene, 1990)：

$$y^{*}=\sum_{k=1}^{K}\beta_{k}x_{k}+\varepsilon \qquad [5.1]$$

如二分结果的模型一样，y^{*} 是观察不到的，因此可以想做是一个观察值背后的潜在趋势，我们假设 ε 的分布如同正态或者 logistic 分布一样服从一个平均值为零的对称分布。我们实际上观察到的是：

$$\begin{aligned} y &= 1 \quad \text{如果 } y^{*} \leqslant \mu_{1}(=0) \\ &= 2 \quad \text{如果} \mu_{1} < y^{*} \leqslant \mu_{2} \\ &= 3 \quad \text{如果} \mu_{2} < y^{*} \leqslant \mu_{3} \\ &= J \quad \text{如果} \mu_{J-1} < y^{*} \end{aligned} \qquad [5.2]$$

Y 就是在 J 个有序回答项里面的观察值，μ 是未知的将用 β 来预测的区分相邻回答项阈值。如果某例子里受访者被问道："你认为在一个战后的国家或者像类似东非这样的地区，保持美军的驻扎是否对美国很重要?"受访者可能根据某些可测量的因素 x，以及不可测量的因素 ε，对此问题选择不同程度的回答选项。原则上，他们是可以用自己的 y^* 来回答这个问卷。回答项通常是 3—7 个有序的选择（从“完全不重要”到“非常重要”及中间一些选择类别），他们必须选择一个最能代表他们自己观点的回答项。这也是为什么有时我们觉得很难在一个给定了顺序选项的问题里做出选择，总是希望在两者之间能有些别的选择。

目前，我们有：

$$\text{Prob}(y=j)=F(\mu_j-\sum_{k=1}^{K}\beta_k x_k)-F(\mu_{j-1}-\sum_{k=1}^{K}\beta_k x_k) \quad [5.3]$$

等式 5.3 表达的是观察到的 y 掉入类别 j 的概率，有序的 logit 或者 probit 模型将估计 μ 和 β。我们在这里使用的是一个一般的累积分布函数 F，而不是某个特指的分布（也可能是 logistic 或者正态分布）。为了让所有的概率都是正的，我们必须指定

$$0<\mu_2<\mu_3<\cdots<\mu_{J-1}$$

第一个阈值参数 μ_1 会被常态化为零，这样我们就可以少估计一个参数。因为尺度都是随意的，我们可以从任何地方开始或者结束。没有这种常态化，就会有 $J-1$ 个 μ 需要去估计，因为阈值总是比类别的数目少一个；常态化后（$\mu_1=0$），就有 $J-2$ 个 μ 需要我们去估计。与以前一样，probit 或者 logit 关系函数都可以拿来用。

有序 Probit 模型

在 probit 的例子里，我们有：

$$\text{Prob}(y=1)=\Phi(-\sum_{k=1}^{K}\beta_k x_k)$$

$$\text{Prob}(y=2)=\Phi(\mu_2-\sum_{k=1}^{K}\beta_k x_k)-\Phi(-\sum_{k=1}^{K}\beta_k x_k)$$

$$\text{Prob}(y=3)=\Phi(\mu_3-\sum_{k=1}^{K}\beta_k x_k)-\Phi(\mu_2-\sum_{k=1}^{K}\beta_k x_k)$$

$$\text{Prob}(y=J)=1-\Phi(\mu_{J-1}-\sum_{k=1}^{K}\beta_k x_k) \qquad [5.4]$$

等式 5.4 每一行里的第二个表达式就对应上一行里面的累积标准正态分布的概率。因此 $\text{Prob}(y=2)=\text{Prob}(y\leqslant 2)-\text{Prob}(y\leqslant 1)$。从整体上来说，我们就是通过取相邻的两个累积的概率的差来得出 $\text{Prob}(y=j)$，除了第一个和最后一个分类，其他都用普通 probit 模型得出，因为 $\text{Prob}(y\leqslant 1)=\text{Prob}(y=1)$ 以及 $\text{Prob}(y\leqslant J)=1$。这就是等式 5.3 和等式 5.4 背后的逻辑。

有序 Logit 模型

在 logit 的情况下，我们有：

$$\log\left[\frac{P(y\leqslant j \mid x)}{1-P((y\leqslant j \mid x))}\right]=\mu_j-\sum_{k=1}^{K}\beta_k x_k \qquad (j=1,\ 2,\ \cdots,\ J-1) \qquad [5.5]$$

有序和二分 logit 模型唯一的不同就是有序结果的模型允许一个系列的比数对数或者 logits 用同样的 β_s 和 x_s 但是不同的 μ_s 来表示。等式左边也被称做累积 logit(Agresti, 1990)，或者连续比例(Fienberg, 1980)。我们可以用概率的形式表达同样的 logit 关系（有些人喜欢叫这个 logistic 回归）：

$$\text{Prob}(y \leqslant j) = \text{Prob}(y^* \leqslant \mu_j) = \frac{e^{\mu_j - \sum_{k=1}^{K}\beta_k x_k}}{1 + e^{\mu_j - \sum_{k=1}^{K}\beta_k x_k}} \quad [5.6]$$

这就给出了根据累积 logistic 分布得出的与 $\Phi(\cdot)$ 配对的部分。我们可以称之为 $L(\cdot)$，用 $L(\cdot)$ 代替 $\Phi(\cdot)$，我们可以将有序 logit 模型用类似于等式 5.4 的概率来表示：

$$\begin{aligned}
&\text{Prob}(y=1) = L(-\sum_{k=1}^{K}\beta_k x_k) \\
&\text{Prob}(y=2) = L(\mu_2 - \sum_{k=1}^{K}\beta_k x_k) - L(-\sum_{k=1}^{K}\beta_k x_k) \quad [5.7] \\
&\text{Prob}(y=3) = L(\mu_3 - \sum_{k=1}^{K}\beta_k x_k) - L(\mu_2 - \sum_{k=1}^{K}\beta_k x_k) \\
&\vdots \\
&\text{Prob}(y=J) = 1 - L(\mu_{J-1} - \sum_{k=1}^{K}\beta_k x_k)
\end{aligned}$$

可以明显看出，原本的有序 logit 和 probit 模型的区别仅仅是它们分布函数的区别。有序的 logit 和 probit 模型都可以用 SAS 估计（PROC LOGISTIC 程序）和 LIMDEP（有序 probit 程序）。SAS 的程序利用了包括 logit 或者 probit 的三个关系函数中的一个来估计有序模型。计算概率的时候还是要小心，因为在 SAS 里面，程序不是用的等式 5.5，而是 $\log[\text{Prob}(y \leqslant j)/1 - \text{Prob}(y \leqslant j)] = \alpha_j + \beta_1 x_1 + \beta_2 x_2 + \cdots + \beta_k x_k$，$\alpha_j$ 是 μ_j 和 β_1 的一部分，“+”代替了“−”。这个等式当然并不会影响最大似然估计，尽管使用者可能很奇怪每一个系数的符号都跟它本身期望的方向相反。

有序结果的模型有一个问题，就是在阈值上，β 的估计是否是不变的。也就是说，一个 x 的影响应该是维持不变的，无论所选择的回答类别 j 是什么。这也被称做平行线假设，也常常在 logit 里面被称做成比例的比数假设，在 probit 里面被称做等斜率假设。SAS 程序 POC LOGISTIC 检测了无效假设也就是 β 的影响与回答类别 j 没有关系。如果想知道更多细节，请参考德马里斯(DeMaris, 1992)、麦卡拉和内尔德(McCullagh & Nelder, 1989)的文章。

第 2 节 | 解释有序 Logit 和 Probit 模型

因为有序的 logit 和 probit 模型的相似性，对这些模型的解释会放在一起来讲。我以一个从有序 probit 模型里面得出的结果为例，来说明三种解释方法，并且在合适的时候提供针对有序 logit 估计的解释。

η 或者转化过的 η 的边际效应

因为 logit 模型用这种方法来解释更简单，我们主要关注一下对 logit 估计的解释。如果以上成比例的比数假设成立，解释 logit 估计就是非常直观的，与二分 logit 模型类似。当前提条件成立时，x 带来的部分影响在对应的不同回答类别 j 是不变的。等式 5.5 暗示预计的 β 应该是一样的，无关 j 的类别。在二分模型里，x_k 的边际效应被解释为回答数据类别 1 而非类别 2 的比数上预测的改变，也就是给定了 x_k 上改变一个单位之后的乘数 $\exp(\beta)$。由于只有两个类别，$\mathrm{Prob}(y \leqslant 1)$ 等于 $\mathrm{Prob}(y=1)$。然而这对于一个有三个或者更多的类别来说就不对了。对于一个有三个类别的回答，等式 5.5 意味着 x_k 的影响就是会导致一个针对类别 1 的比数的改变而非针对类别2或者类别3的，或者类别1或者类别2而不是类别3，变化的程度就是$\exp(\beta)$。它总是在比较回答是属于第一个直到属于第j个类别的概率与回答在其余的类别的概率之间。下面是一个例子。

格林(Greene，1990)讨论了一个用有序probit模型的估计看海军新兵的任务安排。因变量是一个有序的回答，分成三类，海军新兵被分配到的任务是"中级技巧性的""高级技巧性的"和"特级技巧性的"。自变量包括：(1)入伍时是否已通过一个"学校"(技术上的培训)的二分变量；(2)个人母亲的受教育水平；(3)空军认证测试的考试(AFQT)；(4)入伍时受教育的完整年数；(5)入伍时是否结婚的二分变量；(6)入伍时的年龄。有序probit模型的结果在表5.1中可以看到。有两个估计值有特别大的t比例：AFQT得分和婚姻的$\hat{\beta}$。AFQT得分是任务分配最初的筛选步骤。一个非常显著的正的μ估计值说明三个任务性质里面的排列确实是有序的。这里只有一个μ估计值，因为第一个μ被常态化为0之后$J-2=3-2=1$。

表5.1　海军新兵的有序Probit模型(N=5 641)

变量x	$\hat{\beta}$	t比例	$\hat{x}$
技术培训保证?	0.057	1.7	0.66
母亲的教育	0.007	0.8	12.1
AFQT得分	0.039	39.9	71.2
教育水平	0.190	8.7	12.1
入伍时已婚?	−0.480	−9.0	0.08
入伍时年龄	0.0015	0.1	18.8
常数	−4.340	—	—
$\hat{\mu}$	1.79	80.8	—

注：虚拟变量由问号标出，1是"是"，0是"其他"。
资料来源：Greene，1990：表20.12。

让我们来看一看两个决定因素的影响——一个是二分变量,另外一个是连续变量。首先,让我们看一看入伍时婚姻状况对所分配任务的影响。婚姻状况的 logit 估计值大约是 -0.768。[2]将其取自然指数得出 0.464,也就是对比数上的估计的影响。这个边际效应说明对于入伍时已婚的人来说,在其他条件一样的情况下,分配给他们特级技巧性任务而非高等或者中等技巧性任务的比数大约是未婚人士分配到此类任务的 0.464 倍。类似地,已婚新兵被分配到一个特级技巧性任务而非高级或者中级技巧性任务的比数是未婚的 0.464 倍。等式 5.5 中的负号说明 β_k 上正的值越大,掉入更高类别的比数就越大(McCullagh & Nelder, 1989),尽管累积的 logit 对比的是较低与较高级别的类别。请注意,使用的时候要把 SAS 里面的系数乘以 -1 之后才能进行解释,除非由于之前解释的公式不同,一个人已经在建模之前专门将因变量的编码反了过来。

教育的影响也可以用类似的方法来解释。对于新兵自身教育 logit 估计的值是 0.304,取了自然指数之后对应的比数就是 1.355。保持其他所有的条件不变,教育每增多一年,分配到一个高级技巧性的或者特级技巧性的而非中级技巧性的任务的比数就增加 1.355 倍。在相同条件下,教育每增长一年,得到一个特级或者高级技巧性任务是得到一个中级技巧性任务的比数的 1.355 倍。因此为了理解这种有序的 logit 模型,解释在转化过的 η 上带来的边际效应依然是一个简单的、有弹性的、非常有用的选择。

给定一系列解释变量的值之后预测概率

在海军新兵的例子里,回答变量上只有三个类别。等式

5.4因此可以简化为：

$$\begin{aligned}
&\text{Prob}(y=1)=\Phi(-\sum_{k=1}^{K}\beta_k x_k)\\
&\text{Prob}(y=2)=\Phi(\mu-\sum_{k=1}^{K}\beta_k x_k)-\Phi(-\sum_{k=1}^{K}\beta_k x_k)\\
&\text{Prob}(y=3)=1-\Phi(\mu-\sum_{k=1}^{K}\beta_k x_k)
\end{aligned}\qquad[5.8]$$

考虑因变量的类别，我们只需要估计出一个参数 μ 来 ($J-2=3-2=1$)。所以我们把 μ 上的脚注去掉也不会引起混淆。我们可以想象三个因变量的概率是在正态曲线上由两个阈值分成的三部分的面积。第一个阈值总是常态化成为零减去 x 的影响；第二个阈值就是估计的 μ 减去 x 的影响。因为 $\Phi(\cdot)$表示的是标准正态累积概率的分布，第一部分的面积就是 $\Phi(0-\sum_k\hat{\beta}x_k)=\Phi(-\sum_k\hat{\beta}x_k)$，也就是等式5.3以及等式5.8第一行中的表达。第二部分的面积就是估计的 μ 减去 x 的影响再接着把第一个部分的面积减去，因此等式5.8的第二行就是这个意思。最终，第三部分的面积等于整个面积，也就是1，减去估计的 μ 减去 x 的影响(或者第一和第二部分面积的和)，也就是等式5.8的第三行。

为了辅助我们的解释，我们现在设定五种教育程度，其他的 x 变量设定在均值上，然后我们可以计算出预测的概率。结果在表5.2中可见。也可以如同我们在第4章的例子里一样画出一个概率的图。这些预测概率给出了教育带来的影响的更加细致的图，而不是简单讲一下在转化了的 η 上的边际效应。结果说明教育程度增加的时候，分配给新兵中级技巧任务的概率就下降了；如果这个新兵的教育程度是高中以下，增加的教育就会增加新兵分配到高级技巧任务的机会；如果这个新兵教育程度至少是高中文化，这个概率反而会降低；对所有的教育年限来说，每增加两年，都能够使分配到特级技巧任务的概率翻倍。当然我们也可以用特定的教育水平和预测的概率值来讨论。

表5.2 任务分类的预测概率

教育程度	中级技巧概率 Prob($y=1$)	高级技巧概率 Prob($y=2$)	特级技巧概率 Prob($y=3$)
8年	0.473	0.485	0.043
10年	0.327	0.583	0.090
12年	0.204	0.628	0.168
14年	0.113	0.606	0.281
16年	0.056	0.524	0.420

另外一种描述随着教育程度改变而改变的预测概率的方法就是看在特定教育水平上概率的分布。很明显，在较低的教育水平上，新兵较可能被分配到一个中等技巧的任务。教育程度增加的话，有一些概率会从Prob($y=1$)跳到Prob($y=2$)，接着会从Prob($y=2$)跳到Prob($y=3$)。对于大学毕业的人来说，这种变化基本上是反过来的：大学毕业生被分配到特级技巧任务和高级技巧任务的概率基本差不多。换句话说，大学毕业生或者高中辍学人员的数目在样本里可能不是特别高。因此，因为样本受教育年限的平均数是12.1，在教育年限是12年的情况下预测出来的概率应该最接近于观察到的任务分配类别的概率。

这里要留意一点，就是在某个特定水平的教育程度上，三个根据因变量类别预测出来的概率的和应该是1。这个等式可以用来检查计算的正确性。除了第一行因为四舍五入的问题略有差距，我们大体看一眼就知道每一行得出的和都是 1。在有许多变量、很多类别、很多预测值的时候，检查一下最后的计算结果是非常重要的。一个列表软件可以为计算预测的概率提供很大帮助。

某事件概率的边际效应

跟二分的或者序列 logit 和 probit 模型类似，我们用 x_k 在概率上的偏导数来表达在有序 logit 和 probit 模型中对事件概率的边际效应：

$$\frac{\partial \text{Prob}(y=j)}{\partial x_k}=\left[f(\mu_{j-1}-\sum_{k=1}^{K}\beta_k x_k)-f(\mu_j-\sum_{k=1}^{K}\beta_k x_k)\right]\beta_k \qquad [5.9]$$

$f(\cdot)$代表概率密度函数，例如标准正态分布或 logistic 分布。例如，我们可以指定 $f(\cdot)$是 $\phi(\cdot)$，将等式 5.9 简化为有三个回答类别：

$$\frac{\partial \text{Prob}(y=1)}{\partial x_k}=-\Phi(\sum_{k=1}^{K}\beta_k x_k)\beta_k$$

$$\frac{\partial \text{Prob}(y=1)}{\partial x_k}=[\Phi(-\sum_{k=1}^{K}\beta_k x_k)-\Phi(\mu-\sum_{k=1}^{K}\beta_k x_k)]\beta_k$$

$$\frac{\partial \text{Prob}(y=3)}{\partial x_k}=[\Phi(\mu-\sum_{k=1}^{K}\beta_k x_k)]\beta_k \qquad [5.10]$$

除了正在用来进行解释的关键变量，其他的变量全部都设为均值。在第 3 章和第 4 章里，我说过对二元自变量来说，偏导数实际上是不准确的，因此计算出来的预测概率的改变会有偏差。在接下来的例子里，我们研究两个自变量 AFQT 分数和婚姻状况在概率上的边际效应，一个是连续变量，另外一个是二分变量（表 5.3）。用两个方法来得出每一个变量的影响，一是通过取偏导数得出，二是给定 x_k 上有一个单位改变后通过计算预测概率上的改变来得出。

表 5.3　针对分配到某任务类别概率的边际效应

统　计	$-\sum_k \hat{\beta} x_k$	$\mu-\sum_k \hat{\beta} x_k$	Prob (y=1)	Prob (y=2)	Prob (y=3)
AFQT 得分 $=\bar{x}$	−0.8479	0.9421	0.1982	0.6287	0.1731
AFQT 得分 $=\bar{x}+1$	−0.8869	0.9031	0.1876	0.6292	0.1832
改变			−0.0106	0.0005	0.0101
$\partial P/\partial x_k$			−0.0109	0.0009	0.0100
婚姻状况=0	−0.8863	0.9037	0.1877	0.6292	0.1831
婚姻状况=1	−0.4063	1.3837	0.3423	0.5745	0.0832
改变			0.1546	−0.0547	−0.0999
$\partial P/\partial x_k$			0.1293	−0.0020	−0.1273

在前两列中，列出 $-\sum_k \hat{\beta} x_k$ 和 $\hat{\mu}-\sum_k \hat{\beta} x_k$ 是为了帮助读者了解计算的中间步骤。概率是用等式 5.8 计算出来的，概率的边际效应是用等式 5.10 计算出来的。AFQT 得分的影响非常明显。得分上每增加 1 分，被分配到中级技术任务的概率就降低大约 0.01，被分配到一个特级技术级别任务的概率增加差不多的值，被分配到一个高级技术级别任务的概率基本没有变化，增加的量基本可以忽略。这里得出边际效应的值可以不考虑所使用的方法。实际上，估计概率的改变和偏导数之间的偏差在任意两个的比较下都小于 0.0004。也说明在一个连续变量的测量非常好的情况下，如本例中的

AFQT 得分，用偏导数和用预测概率差两个方法都能给出基本相同的结果。

对于二元自变量来说，事情就不是这样了。从对比数上影响的解释可以看出，如果入伍时已婚，会增加被分配到中级技巧的任务的机会，减少被分配到高级，特别是特级技巧任务的机会。用概率改变的方法，被分配到中级任务的概率增加了大约 15%，被分配到特级任务的概率减少了大约 10%。用偏导数的方法增加大约有 13%，减少大约也是 13%。用两种方法计算出被分配到高级任务的概率减少了大约相差 5%。在有二分自变量的时候，使用偏导数的方法产生的偏差不容忽视。当然有些人可能会说，本质上的发现还是不变的。由于计算出概率然后找出两者的差这个方法还是很直接的，特别是对于二分变量来说，因此对于这些希望得出一个更加准确的边际效应描述的研究人员，我依然推荐使用这个方法来研究二分自变量对事件概率的影响，偏导数只能用来观察整体的效果。

预测的概率加起来不变(等于 1)说明了对概率的影响是零和博弈。通过在不同类别上造成的影响的互相抵消，对概率造成的边际效应加起来应该是零。简单看一下表 5.3 中 AFQT 得分和婚姻状况对事件概率的影响，无论使用的是哪个方法，都可以得出这个结论。这个结论可以用来检查结果的正确性。概率相加应该是 1 以及边际效应的和是零都是必需的，但是并不足以保证我们的计算结果是正确的。

第6章

多类别 Logit 模型

在第4章和第5章讨论的分析多种回答选项的模型里,这些回答选项要么有一个固有的顺序,要么就有一个很自然的次序。在其他多项的选择模型当中,因变量的类别是绝对离散的、名义的,或者没有顺序的。当数据属于或者被认为属于这一类,多类别logit模型就很合适了。对应多类别logit模型的probit模型涉及与多变量正态分布有关的多个整合,因此在计算上非常复杂也很少被使用。因此,这一章的重点是解释多类别logit模型的估测。

无法排序的回答有很多例子:顾客产品的选择、职业、主修和学习的项目、信仰、交通工具的选择、政党候选人。有时我们不确定选项分类是不是有序的或者序列的。如果不确定,都要使用多类别logit模型。理由就是如果我们不确定数据是否符合所有的模型前提条件,我们就应该使用更少或者更弱假设的统计模型。研究人员也可以用赤池信息标准(AIC)统计在两个没有嵌套的备选模型中挑选(请参考Amemiya, 1981)。

第 1 节 | 模型

多类别 logit 模型是一个二分 logit 模型的另一种自然延伸。多类别 logit 模型估计的是因变量是无排序的类别时，自变量在其上的影响：

$$\text{Prob}(y=j)=\frac{e^{\sum_{k=1}^{K}\beta_{jk}x_k}}{1+\sum_{j=1}^{J-1}e^{\sum_{k=1}^{K}\beta_{jk}x_k}} \qquad [6.1]$$

该等式给出了 $\text{Prob}(y=j)$，其中 $j=1,\ 2,\ \cdots,\ J-1$。请注意，参数 β 在模型里有两个脚注，k 是为了区分自变量 x，j 是为了区分回答类别。脚注 j 说明现在有 $J-1$ 套 β 估计。换句话说，参数估计的个数是 $(J-1)K$。这意味着样本大小应该比 $(J-1)K$ 大。如果有 10 个 x 自变量包括了截距和因变量上有 5 个回答类别，整个参数估计的个数就是 40。最后一个回答类别通常是参照类别，其他的类别与之相比。读者会注意到如果 $J=2$，等式 6.1 就能简化成二分 logit 模型里面的等式 3.5。

$$\text{Prob}(y=j)=\frac{1}{1+\sum_{j=1}^{J-1}e^{\sum_{k=1}^{K}\beta_{jk}x_k}} \qquad [6.2]$$

该等式给出了 $P(y=J)$。[3]或者，最后一个概率也可以用

$1-[\mathrm{Prob}(y=1)+\cdots+\mathrm{Prob}(y=J-1)]$表示。

用 logit 形式表现的多类别模型来展现多类别 logit 模型与二分 logit 模型之间的相似之处再好不过。等式 6.1 和等式 6.2 可以推出如下：

$$\log\left[\frac{\mathrm{Prob}(y=j)}{\mathrm{Prob}(y=J)}\right]=\sum_{k=1}^{K}\beta_{jk}x_{k} \qquad [6.3]$$

如果想知道从等式 6.1 和等式 6.2 是如何推出等式 6.3 的，请参考马达拉的著作(Maddala，1983)。很明显，当 $J=2$ 的时候，等式 6.3 可以简化为二分模型的等式 3.4。等式 6.3 也应该让我们回想起多类别 logit 的关系函数：

$$\eta_j=\log(\mu_j/\mu_J)$$

二分 logit 模型和多类别 logit 模型之间惊人的相似意味着几件事情。首先，一个多类别 logit 模型里面的概率可以用类似二分 logit 模型的方法来计算，仅仅是对很多套 β 的处理要进行一些改变。此外，logit(比数对数)和比数的两者的含义在两个模型里面是完全一样的。在二分的情况下，比较是在类别 1 和类别 2 之间进行(或者第一个与最后一个)的。在多选项的情况下，比较是在类别 j 和类别 J 之间进行(或者任何两个类别，除了最后一个与最后一个)的。这些相似性在解释的时候会很清晰。多类别 logit 模型可以用 SAS 里面的 PROC CATMOD(或者 PROC MLOGIT)以及 LIMDEP 里面的 logit 模型步骤来估计。

在使用多类别 logit 模型时，一个重要的问题就是在无关选择之间独立性的假设，或者称做 IIA(Independence from Irrelevant Alternatives)。这可能是在讨论多选项模型方法论的文献里最为广泛讨论的一个议题。简单来说,IIA 的特性明确了每任意两个选择(回答类别)的概率的比例都不应系统性地受到其他任何选择的影响。一个最常用的例子就是红色巴士、蓝色巴士悖论。通勤人员有两个交通工具的选择——小汽车和巴士。每个选择的概率是 1/2 而且两个选择的比例是 1∶1。假设现在引入了一个巴士服务,除了颜色不一样其他完全一样。一类巴士服务里面是红色巴士,另一类是蓝色。如果选择的概率比不变的话(依然是 1∶1∶1),每一种选择的概率都应该是 1/3。但这是不现实的,因为通勤人员很可能认为这两个巴士服务其实是一样的。因此,选择小汽车的概率依然是 1/2,选择红色或者蓝色巴士的概率就是 1/4。现在,选择小汽车和巴士的概率比变成了 2 而不是 1。由于有些选择与其他选择之间不是完全独立的,IIA 假设无法成立(一个更加具体的讨论超出了本书目前的范围,有兴趣的读者可以参考 Ben-Akiva & Lerman, 1985; Greene, 1990; Train, 1986; Wrigley, 1985)。这的确是一个非常重要的前提假设,每当使用本章里面定义的多类别 logit 模型的时候,都要给予这个前提谨慎的考虑,上文提到的作者都讨论了触犯 IIA 对估计值造成的后果,以及一些检查这个假设是否成立的步骤。

第2节｜解释多类别Logit模型

由于二分和多类别logit模型的相似性，可使用类似于解释二分logit模型的三种解释方法。如早前涉及的，主要的不同就是参照组再也不是一个二分logit里剩下的选择，而是另外一个选择，通常是最后一个（选择参照组与估计值无关，应当基于充分的理由）。因此，当我们解释的时候，我们必须进行相关的调整。当你在二分logit模型里比较事件A发生的可能性与事件B发生的可能性或者与非事件A发生的可能性时，你在有四个选择的多类别logit模型里要比较事件A与事件D、事件B与事件D，以及事件C与事件D发生的可能性。如等式6.1表达的，模型给出了三套并非多余的参数估计，每一套参数都与头三个选择中的一个相关，这通常是电脑从统计软件里输出的结果。对于其他的比较，如A和B、A和C、B和C，你可以简单地将类别顺序重新安排一下，重新估计出一个模型就可得出对应的参数估计，除非你已经可以编写出一些自动重新安排次序的程序了。

η或者转化过的η的边际效应

对多类别logit模型来说，在比数上的边际效应指的是掉入某个类别而不是掉入用户所选择的参照类别的比数的局部影响。例如,表 6.1 表示的是 1982 年美国白人女性调查中比较四个绝育选择的所有参数估计。请参考林德福斯和廖(Rindfuss & Liao, 1988)获取关于样本和相关问题的信息。模型是基于四种绝育选择估计出来的,它们是"为了避孕而绝育""没有绝育""为了治疗疾病而绝育"和"由于多种原因而

表 6.1　白人女性绝育选择的多类别 Logit 模型结果

变量 x	比较					
	避孕理由对混合理由	没有绝育对混合理由	医疗理由对混合理由	避孕理由对医疗理由	没有绝育对医疗理由	避孕理由对没有绝育
年龄	−0.12	−0.61*	−0.18	0.07	−0.43	0.49*
年龄的平方	0.00	0.01	0.00	−0.00	0.01	−0.01*
月经初潮年龄	0.01	0.01	0.04	−0.03	−0.03	−0.00
1977 年生育过的子女个数	1.05**	−1.04**	0.13	0.92*	−1.16**	2.08**
1977 年生育过的子女个数的平方	−0.29**	0.16**	0.02	−0.31**	0.15*	−0.46**
教育年数						
小于 12 年	−0.66*	−0.09	0.61	−1.28**	−0.71*	−0.57*
13 到 15 年	−0.16	−0.04	−0.09	−0.07	0.05	−0.12
16 年或以上	0.03	0.36	−0.11	0.15	0.48	−0.33
天主教徒?	−0.25	0.03	−0.54	0.29	0.58	−0.28
从未结婚?	−0.14	2.39*	1.81	−2.22	0.58	−2.80**
地区						
东北部	−0.50	−0.03	−0.25	−0.26	0.22	−0.47
中北部	−0.24	−0.33	−0.43	0.19	0.10	0.09
西部	−0.11	0.17	−0.41	0.30	0.58	−0.28
都市居民	0.02	0.09	0.13	−0.11	−0.04	−0.06
模型 χ^2	560.88					
样本量 N	2 520					

注:教育里面高中毕业生是参照组,地区里面南方是参照组。其他的虚拟自变量用问号标出,如果答案是肯定的,编码是 1;其他则是 0。* 和 ** 分别说明的是在 0.05 和 0.01 水平上的统计显著性。

资料来源:已取得人口协会、林德福斯和廖福挺的准许,"Medical and contraceptive reasons for sterilization in the United States", *Studies in Family Planning* 19, no.6(November/December 1988):370—380。

绝育”。当然这种排序没有任何意义。我没有仅仅比较头三种选择与最后一种,我将所有六套比较的估计的系数值都呈现出来(表 6.1)。[4]有时候为了具体的分析,将所有的比较都记下来还是有必要的。

首先,让我们解释二分自变量的影响。对比为了避孕而进行了绝育手术和没有进行绝育手术的结果,婚姻状况变量有一个−2.80 的估计值。取指数后所得出的结果是 0.061。相较不去绝育而言,未婚女性做避孕手术的比数只是已婚女性做这个手术比数的 0.061 倍。现在让我们再来比较为了避孕而绝育和为了治疗疾病而绝育两个选择。高中肄业的女性有一个估计系数值为−1.28,也就是说,她们是为了避孕而非医疗理由而进行绝育手术的比数仅仅是拥有高中学历的女性的 0.278 倍。

在模型里面只有两个连续变量——年龄和子女个数,而且都涉及二次方项。也就是说,在比数上的影响随着这些有平方的变量水平的变化而变化。这样一个在比数上的边际效应可以用 $\exp(\beta_2 + 2\beta_3 x_2)$ 来作为 e 的指数来计算,x_2 就是有平方项的变量,β_2 是主要影响,β_3 是 x_2 的平方能产生的影响。[5]对于年龄为 20, 25, 30, 35 的女性来说,我们有四个对应的边际效应,它们是 1.094, 0.990, 0.896 和 0.811,对比的是避孕目的的绝育手术和没有进行绝育手术。对于 20 岁的女性,出于避孕目的进行绝育手术的比数,而非没有绝育,会随着年龄增长 1 岁而增长 1.094 倍。然而,对于 25 岁、30 岁、35 岁的女性来说,年龄每增加 1 岁,这样一个比数会分别降低到需要乘以 0.990, 0.896 和 0.811 这样的倍数。同样,我们可以解释在为了避孕和混合目的而绝育的比数上的边际效应。对于生育过0，2，4，6个子女的女性来说，对应的比数上的边际效应是2.858，0.896，0.281及0.088，也就是说对于没有生育过的女性，一旦她生过孩子，与进行以避孕为目的的绝育手术而非其他混合原因相比，比数上升到需要乘以2.858这样的倍数。对于生育过2，4和6个孩子的女性，如果又有了一个孩子，同样的比数会下降到各自乘以0.856，0.281和0.088的倍数。和在线性模型里面一样，二次项在多类别logit模型里面描述的也是非线性的影响。

IIA的前提指出，一个选择的比数比不应该依赖于其他选择。从估计的角度来说，我们需要比数比不受其他选择的干扰。在特指多类别logit模型的时候，指的就是干扰的独立性。从行为的角度来说，这样的前提有时也吸引人们去讨论(有兴趣的读者可以参考Ben-Akiva & Lerman，1985；Greene，1990；Train，1986；Wrigley，1985)的讨论。

给定一系列自变量的值之后预测概率

在多类别结果的模型中，估计的概率应该比在二元结果模型中更加有用，因为不仅有一套非冗余的概率，现在有至少两套非冗余的概率了。避孕的例子里，针对四种选择的类别，有三套非冗余的概率。研究者可能想将所有的概率都写下来，因为一旦结果的类别超过了两个，就很难单凭脑子来计算 $[1-(P_1+P_2+\cdots+P_J)]$。

对于已婚白人妇女，我们想计算出生育过的子女个数预测避孕选择的概率，表6.1里面前三列的估计值都是用等式6.1和等式6.2计算出来的。如之前章节所讲，没有用来做解释的变量取的都是均值。除了分母上要将一系列取了指数后的结果相加，计算过程与二分logit模型一样。为了方便解释，让我们假设一个情况，假设因变量有三个回答类别（$J=3$），有两个自变量 x_2 和 x_3（x_1 等于1）。变量 x_2 是连续的，x_3 是二分变量。我们想计算出在 x_2 等于20，30和40、x_3 等于均值0.6的时候，三个回答类别各自预测的概率。β_{1k} 和 β_{2k} 从多类别logit模型里面估计出来，参照组是 $J=3$。对于第一类回答的等式就是：

$$\text{Prob}(y=1 \mid x_2=20,\ x_3=0.6)$$
$$=\frac{e^{\beta_{11}\cdot 1+\beta_{12}\cdot 20+\beta_{13}\cdot 0.6}}{1+e^{\beta_{11}\cdot 1+\beta_{12}\cdot 20+\beta_{13}\cdot 0.6}+e^{\beta_{21}\cdot 1+\beta_{22}\cdot 20+\beta_{23}\cdot 0.6}} \qquad [6.4]$$

这就给出了 x_2 等于20，x_3 等于均值0.6的时候，选择是1的概率。对于 x_2 等于30和40，x_3 等于均值0.6的时候，简单地将等式6.4中的20替换成30或者40计算出来就好了。对应的选择2的计算是：

$$\text{Prob}(y=2 \mid x_2=20,\ x_3=0.6)$$
$$=\frac{e^{\beta_{21}\cdot 1+\beta_{22}\cdot 20+\beta_{23}\cdot 0.6}}{1+e^{\beta_{11}\cdot 1+\beta_{12}\cdot 20+\beta_{13}\cdot 0.6}+e^{\beta_{21}\cdot 1+\beta_{22}\cdot 20+\beta_{23}\cdot 0.6}} \qquad [6.5]$$

读者可以注意到，等式6.4和等式6.5的唯一区别就是分子上面 β 的下标。在等式6.4中使用的是第一套参数，等式6.5中使用的是第二套。最终，对于最后一个回答类别的预测概率是：

$$\text{Prob}(y=3 \mid x_2=20,\ x_3=0.6)$$
$$=\frac{1}{1+e^{\beta_{11}\cdot 1+\beta_{12}\cdot 20+\beta_{13}\cdot 0.6}+e^{\beta_{21}\cdot 1+\beta_{22}\cdot 20+\beta_{23}\cdot 0.6}} \qquad [6.6]$$

有更多自变量和因变量上有更多回答类别的模型就是这个例子的延伸了。在计算这些多个概率时，一个列表软件会很有用的。

回到避孕的例子，对于已婚的白人女性，随着生育过子女个数的变化，没有绝育和为了避孕而采取了绝育以及由于疾病治疗原因而采取的绝育，以及由于混合的原因而采取了绝育的概率在表6.2里列出。概率与之前不同，使用百分比而非比例来表示。对很多人来说，百分比更容易观察。

表6.2　根据生育过的子女个数预测的白人已婚妇女绝育手术的概率

生育过子女的个数	比例			
		绝育		
	没有绝育	为了避孕	医疗原因	混合原因
0	91	4	4	1
1	72	18	8	2
2	57	29	10	4
3	58	23	13	6
4	69	9	14	8
5	80	1	10	8
6	89	0	5	6

注："绝育手术"包括女性本身以及她的伴侣。由于四舍五入的关系，有些行加起来可能不是100。

资料来源：已取得人口协会、林德福斯和廖福挺的准许，"Medical and contraceptive reasons for sterilization in the United States", *Studies in Family Planning* 19, no.6(November/December 1988):370—380。

无须进行深入的研究，大致看一眼就能得出一些简单结论。对于没有孩子的女性来说，不采取绝育措施的比率非常高。这个比例一直下降直到生育过两个孩子，然后随着女性生育过子女的数目超过两个后又上升。为了避孕而实施了绝育的可能性对于没有生育过子女的女性来说很低，在女性有两个孩子的时候上升到顶点,对于有四个或者更多子女的女性来说降低到一个很低的值。对于女性由于医疗或者混合原因而绝育的可能性对各组人都比较低。其他保持不变,生育过三个或者四个孩子的女性更可能是由于医疗原因而进行了绝育,但是对于有四个或者五个子女的女性来说,由于其他混合原因而进行过绝育手术的可能性比较高。

某事件概率的边际效应

在多类别 logit 模型里面解释在一个因变量上选择概率的边际效应与在一个二分 logit 模型里面类似,但是代表的是一个更加宽泛的情况,因为回答类别的组合非常多。然而,边际效应的意思依然是针对某一个特定的回答类别。

我们再次根据 x_k 取偏导数。当有 J 个回答类别时,根据 x_k 在 $\text{Prob}(y=j)$ 上的偏导数是:

$$\frac{\partial \text{Prob}(y=j)}{\partial x_k}=P_j(\beta_{jk}-\sum_{j=1}^{J-1}P_j\beta_{jk}) \qquad [6.7]$$

P_j 是 $\text{Prob}(y=j)$ 的简写。如果只有两个回答类别($J=2$),等式 6.7 就简化成等式 3.12 中表达二分 logit 模型里的边际效应。

一如我们在前几章讨论的,一个二分变量在事件发生概率上面的边际效应,如果使用偏导数来计算,在原则上是不准确的,尽管可以提供一个粗略的近似。与其他的概率模型一样,可以将变量等于 1 和变量等于 0 的时候计算出来的两个概率相减,这样就能精确计算出一个二分变量在某事件发生概率上的边际效应了。因此我们在这个避孕的例子里主要来看一看连续变量的解释。例子里面有两个变量可以看做连续的——年龄和生育过子女的个数。让我们先看一看子女个数,因为它的估计参数在更多的类别比较里面是统计上显著的。

子女个数的平方项需要将等式6.7改变一下,将 x_k 的平方加入,来替换简单的 x_k 的线性函数。在解释它对比数上的影响时,我们应该知道如何改变这个等式(参考注释[3]和[5])。一个变量 x_k 的边际效应,如涉及了平方项在概率上面的作用,就是

$$\frac{\partial \text{Prob}(y=j)}{\partial x_k}=P_j\left[(\beta_{jk}+2\beta_{jk+1}x_k)-\sum_{j=1}^{J-1}P_j\ (\beta_{jk}+2\beta_{jk+1}x_k)\right] \qquad [6.8]$$

β_{jk} 代表的是 x_k 的主要影响,β_{jk+1} 代表的是 x_k 的平方项的参数估计。等式6.8给出了 x_k 的平方函数在事件概率上的影响;整体来说,它也告诉我们如何解决其他非线性函数的边际效应的问题。首先,假设只有一个线性函数,得出一个 x_k 的相关的边际效应偏导数,然后将它的偏导数代入等式6.8两个小括号里面。结果就是 x_k 在事件发生概率上带来的边际效应。

在避孕例子里面有四个回答的类别,我们需要将等式6.8计算四次。用来计算边际效应预测的概率在表6.2中。将对应的参数估计值代入等式6.8,对 $j=1, 2, 3$ 分别来说就是 β_{jk} 和 β_{jk+1},就能够得出对应的偏导数了(表6.3)。[6] 例如,为了计算出表6.3的第一个值(−0.128或者12.8%),也就是子女个数(个数为0),对于没有绝育的概率的边际效应,

表 6.3 生育过子女的个数对绝育手术概率的边际效应

生育过的子女个数	比例			
		绝育		
	没有绝育	为了避孕	医疗原因	混合原因
0	−12.8	7.8	4.1	0.9
1	−21.6	16.0	4.7	0.9
2	−9.2	3.7	4.5	1.0
3	5.4	−11.9	5.5	1.0
4	10.2	−12.3	2.8	−0.7
5	7.8	−2.3	−1.3	−3.7
6	7.0	−0.0	−2.2	−4.8

注:"绝育手术"包括女性本身或者她的伴侣采取过的绝育手术。由于四舍五入的关系,有些行加起来可能不是0。

$$\begin{aligned}&\frac{\partial \text{Prob}(y=1)}{\partial \text{个数}}\\&=P_1[(\beta_{1,\text{个数}}+2\beta_{1,\text{个数}^2}\cdot\text{个数})\\&\quad-\sum_{j=1}^{J-1}P_j(\beta_{1,\text{个数}}+2\beta_{1,\text{个数}^2}\cdot\text{个数})]\\&=0.91(-1.04+2\cdot 0.16\cdot 0)\\&\quad-0.91[0.91(-1.04+2\cdot 0.16\cdot 0)+0.04\\&\quad(1.05+2\cdot -0.29\cdot 0)+0.04(0.13+2\cdot 0.02\cdot 0)]\\&=-0.128\end{aligned}\tag{6.9}$$

表6.3其他的边际效应都是如此计算出来的。

如表6.3所示,1977年的生育子女数目对于在1982年或之前进行绝育手术的概率的边际效应提供了很多信息。从整体上来说,子女数目很低的时候,保持没有绝育的概率的边际效应是负的,在子女数目较高的时候是正的,但是这个影响实际上是一个子女数目函数的复杂变化。复杂性体现在我们有三个（$J-1=4-1=3$）独立的时间的概率。对于只有一个孩子的女性来说，每多生育一次，进行过避孕理由的绝育手术的概率会增加大约 16 个百分点；对于有三个孩子的女性来说，每多生育一个孩子，这个概率反而会降低 12 个百分点。如果这名女性生育子女的个数较少，多生育一个孩子似乎会增加女性进行由于医疗原因而绝育的概率，但如果女性生育过五个或者更多的孩子，就会降低这个概率。比较表 6.2 和表 6.3，我们可以看到，边际效应在预测的概率上呼应了邻近的生育子女个数的差距带来的影响。这种程度上的区别部分是由于生育子女个数是不是一个连续变量的争议（间距很有限），也有一部分是由于原本文章里就只有很少的统计上显著的数字，然后还被用来计算边际效应。

另一方面，我们希望能画出如表 6.3 中的边际效应，就像我们有时候会用图形来表示预测的概率一样。图 6.1 给出了一个在四个回答概率上边际效应的直观理解。在多类别 logit 模型里和在二分 logit 模型以及序列 logit 模型里一样，图形从视觉上表现出边际效应是一个包含所有回答类别后的

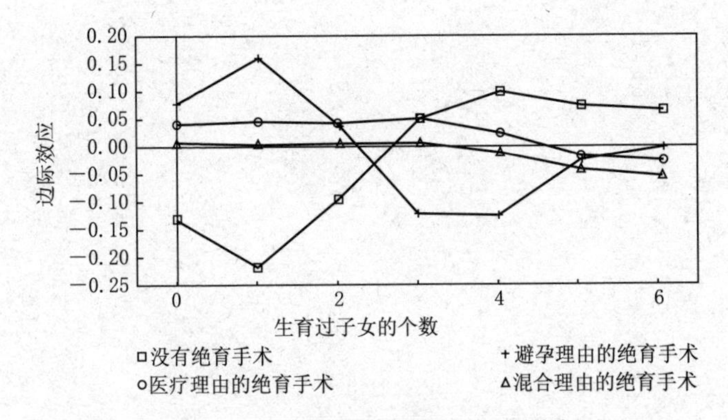

图 6.1　子女个数对于绝育概率的边际效应

零和博弈。为了检查总和为零是否成立，我们依然需要回到表6.3将每一列相加。这样就能很快检查一下是否总和为零，当然，四舍五入可能会带来小小的误差。

总体来说，在多选项结果的模型里，解释自变量的系数估计可以通过它在事件概率上带来的影响来阐述，这些阐述能够清楚地说明自变量在 $J-1$ 个事件的概率上并不是只有一个，而是有 $J-1$ 个的独立的影响。本章里三种解释方法都强调了这一点。我们解释一个变量对于回答是类别 j 而非类别 J 的比数上的影响；我们表达了 J 套估计的概率；我们计算一个变量在事件概率上得出 J 套边际效应。在第7章里，我们处理另外一种针对多个反映类别的模型——在条件 logit 模型中，同样的特性也都存在。

第7章

条件 Logit 模型

第6章里面讨论的多类别logit模型的一个变体是条件logit模型,处理的是特定选择的一些特性(McFadden, 1974)。

在概率模型里,解释变量分为两类。到目前为止,所讨论的模型使用的解释变量对于任何回答选项来说都是一样的。人口学的变量,如年龄、种族和民族背景,性别和社会经济的变量,如教育、收入和职业,都不会由于个人所回答的选项不同而变化;它们的取值只在人与人之间产生变化。另外一种解释变量针对具体的选择,基于回答选项的不同,即使是同一个人,变量的取值也不一样。

条件logit模型第一次应用于对交通的研究,研究者们研究的是通勤人员去上班所选择的交通手段,例如机动车、地铁,当然也包括交通的特性,如通勤时间、花费,甚至是舒适度。针对某个具体的选择,这些自变量的取值都不同。交通研究中的另外一个例子就是购物中心的选择。消费者花在交通工具之外的时间以及使用交通工具前往购物中心的时间、交通费用,以及一个购物中心的吸引程度都是针对具体的选择来说的。政治学家们可以在研究人们对总统候选人的选择时使用一些针对选择特性的变量,如受访者对某一个候选人在国内事务和国际事务中的优势（或者劣势），或者更加详细的领域，如健康保险、教育、国家经济、国防等等的评价。人类学家可以研究个人的避孕选择以及他们对于某种避孕选择的花费、舒适度和效率的考虑之间的关系。这些全是某个或者其他选择的特性（若想了解更多具体的关于解释变量类别的讨论，请参考 Wrigley，1985）。当解释变量有之前讨论的那些特点时，我们就需要一个条件 logit 模型。

第 1 节 | 模型

条件 logit 模型估计的是一系列取决于选择种类的变量在一个没有顺序的回答类别上的影响。等式如下：

$$\text{Prob}(y=j)=\frac{e^{\sum_{k=1}^{K}\alpha_k z_{jk}}}{\sum_{j=1}^{J}e^{\sum_{k=1}^{K}\alpha_k z_{jk}}} \qquad [7.1]$$

该等式表示的是 $\text{Prob}(y=j)$，$j=1, 2, \cdots, J$。请注意，变量 z 有两个下标，k 用来区分 z 变量，j 用来区分回答类别。读者会发现，如果 $J=2$，等式 7.1 就可简化为一个条件 logit 的二分模型版本。等式 7.1 和多类别 logit 模型（等式 6.1）等式的主要区别就是 $\alpha_k z_{jk}$ 项，代表的是一系列取决于选择种类的自变量和它们的系数。另外一个区别就是因为 α_k 不会随着回答类别的变化而变化，$j=J$ 的时候，以 e 为底，$\sum_k \alpha_k z_{jk}$ 作为指数的值一般不会如同在多类别 logit 模型里面等于 1。因此这个“1+”的项掉出了等式，而且分母在多类别 logit 模型里是在 $j=1$ 和 $J-1$ 之间，但是在条件 logit 模型里是在 $j=1$ 和 J 之间（参考注释[3]）。

我们也可以将条件 logit 模型用 logit 的形式表现出来。等式 7.1 表示的其实就是：

$$\log\left[\frac{\text{Prob}(y=j)}{\text{Prob}(y=J)}\right]=\sum_{k=1}^{K}\alpha_k(z_{jk}-z_{JK}) \qquad [7.2]$$

将等式7.2与等式7.1联系起来的步骤与多类别模型一样。当$J=2$的时候，等式7.2简化为一个条件logit的二分模型形式。多类别logit关系函数

$$\eta_j=\log(\mu_j/\mu_J)$$

也同样适用于条件logit模型。

我们也可以指定一个混合的模型，既有条件指定的也有个人层面指定的方面，因此结合了多类别和条件logit模型。因此，为了给概率$(y=j)$建模，我们有了：

$$\text{Prob}(y=j)=\frac{e^{\sum_{k_1=1}^{K_1}\beta_{jk_1}x_{k_1}+\sum_{k_2=1}^{K_2}\alpha_{k_2}z_{jk_2}}}{\sum_{j=1}^{J}e^{\sum_{k_1=1}^{K_1}\beta_{jk_1}x_{k_1}+\sum_{k_2=1}^{K_2}\alpha_{k_2}z_{jk_2}}} \qquad [7.3]$$

两个选择特定的解释变量z，以及个人层面的变量x，都包括在同一个模型里面，下标k_1和k_2将两种变量区分开来。混合模型对于许多社会科学的应用用处很大（一个典型的人口学的例子可以参考Hoffman & Duncan，1988）。

在只有与选择相关的变量的条件logit模型里，研究者一般会包括选择特定的常数（Alternative-Specific Constance，ASC），他们会使用一系列（1到$J-1$个）二分变量来代表回答类别，拣选出没有观察到的变量在误差项上造成的平均值差异（Ben-Akiva & Lerman，1985；Wrigley，1985）。在我们有一个真正的混合logit模型的时候，这种方法是没有必要的，因为这些β_{jk}已经包括了ASC（如等式7.3所示）。一个有ACS但是没有其他变量x的条件logit模型如下所示：

$$\text{Prob}(y=j)=\frac{e^{\beta_{j_1}x_1+\sum_{k=1}^{K}\alpha_k z_{jk}}}{\sum_{j=1}^{J}e^{\beta_{j_1}x_1+\sum_{k=1}^{K}\alpha_k z_{jk}}} \qquad [7.4]$$

对于所有的 $J-1$ 选择类别，$x_1=1$，β_{j_1} 就是 ASC，对于 k 来说不需要下标了。参数 β_{J_1} 一如既往可以常态化为 0。在研究交通的时候有 ASC 的条件 logit 模型广为应用。

在 SAS 5.18 里，条件 logit 模型可以用 PROCMLOGIT 步骤计算，适用于多类别、条件或者混合的 logit 模型。[7] 在 LIMDEP 中，离散选择的步骤也可以用来估测这个模型，但是请注意，这两个统计包对于数据的形式安排各有各的要求。

由于多选项和条件 logit 模型的相似性，这两个模型各有优势和劣势。例如，条件模型也有与 IIA 特性相关的问题。另外，我们解释多类别 logit 模型结果的方法适用于解释条件 logit 模型。然而，在解释一个条件 logit 模型得出的参数时，我们需要更加小心。

第2节 | 解释条件 Logit 模型

对 η 或者转化过的 η 的边际效应

与那些针对个人的自变量系数不同，针对选择的自变量系数并不会在回答的类别之间变化，从它们没有下标 j（等式 7.2）也可以看出来。事实上，解释它们在 η 上的或者转化过后 η 上的影响反而因此简单了。一个针对特定选择的变量在比数的对数或者比数上的影响不用考虑或者比较究竟是哪两个回答类别，这个影响都是不变的。

例如，对于一个有 ASC 的条件 logit 模型，没有其他的 x 变量（等式 7.4），让我们看一看在塔斯曼桥倒塌之后，澳大利亚塔斯马尼亚城区里的交通选择。1975 年 1 月 5 日，一辆载满了铁矿的火车与塔斯曼桥相撞并严重损毁了这座桥。塔斯曼桥建于 1964 年，横跨德温特河，是连接胡波特城区的枢纽。在 1974 年的这场交通意外之前，28.2%胡波特城区的人口住在河的东边，这一地区仅仅提供了 5.3%的就业。1974 年的普通日子里，会有 43 930 辆车穿过这座桥。在桥崩塌之后以及在两年半后才重新开启新桥的这段时间里，启动了各种过河的措施。对于步行者，在桥附近只有两个渡船路线；开车或者搭车的通勤人员就需要走上游几公里外的贝利桥

(可以通过车辆);他们也可以用比贝利桥近一些的利斯顿平底船(Risdon Punt,可承载车辆和步行人员);他们也可以搭乘经过贝利桥的巴士。因此,一共有五种交通方式可以选择($J=5$)。数据是在1977年3月收集的,涉及他们的通勤方式、路线、步行时间、等待时间、乘车时间、车费、车外交通时间等。关于此事件和调查的更多细节,请参考亨舍(Hensher, 1979, 1981)或者里格利(Wrigley, 1985)的文章。表7.1给出了五种交通选择的一些样本均值。

表7.1 针对不同选择的样本均值:代替塔斯曼桥的交通方式选择($N=1\,324$)

选择类别	步行时间	等待时间	乘车时间	车费	车外交通时间
开车(贝利)	1.09	0	47.9	122.2	8.4
搭车(贝利)	0.88	0	51.9	7.1	0.2
渡船	14.3	2.5	35.2	59.7	0.1
开车(平底船)	0.3	0.4	66.6	134.7	2.4
巴士(贝利)	15.2	2	31.9	55	0
平均和	10.39	1.78	39.2	73.4	2.16

注:所有时间的单位是分钟;所有花费的单位是澳大利亚分;"贝利"表示的是通过贝利桥的交通路线,"平底船"表示的是通过里斯顿平底船的交通路线。

资料来源:*Transportation Research* 15B, D. A. Hensher, "A practical concern about the relevance of alternative-specific constants for new alternatives in simple logit models", pp.407—410。

尽管纵观回答类别,针对个人的变量也会有不同的平均值,但它们并不依赖于回答的类别。相反,表7.1中的解释变量实际上是与回答或者选择相关的。它们的值根据所选择的交通方式来变化。尽管它们针对选择而变化,但是这些变量只有一套α估计值。表7.2中就是它们的系数估计。

表 7.2　针对选择的参数估计值:代替塔斯曼桥的交通选择($N=1\,324$)

z 和 x 变量	$\hat{\alpha}$ 或者 $\hat{\beta}$	t 统计
步行时间	−0.05443	5.2
等待时间	−0.12236	6.3
乘车时间	−0.01759	3.4
车程花费	−0.00736	5.2
车外花费	−0.01810	3.0
ASC		
司机(贝利)	0.22930	0.7
乘客(贝利)	−0.64801	0.8
渡船客	1.81650	6.3
司机(平底船)	−1.57860	3.5
巴士(贝利)	—	—
LR 统计	718.7	
自由度 df	9	

资料来源:*Transportation Research* 15B, D. A. Hensher, "A practical concern about the relevance of alternative-specific constants for new alternatives in simple logit models", pp.407—410。

解释变量的参数都有一个负号,意味着花费更多的时间和费用的时候,选择某一种交通方式的可能性下降。因为 α 不随着选择的变化而变化的特性,解释其实比多类别 logit 模型要直接。在步行时间增加 1 分钟时,选择某一个特定交通路线的比数是选择另外一条路线的 $\exp(-0.05433)=0.94702$ 倍。类似地,等待时间每增加 1 分钟,选择某个特定路线的比数就是选择另外一条路线比数的 $\exp(-0.12236)=0.88483$ 倍。车内花费每增加 1 分,选择这个方式就会减少 $\exp(-0.00736)=0.99267$。但是这仅仅是 1 分钱的效应。车内花费增加了 25 分的话,就会让选择这个方式的比数降低 $\exp(-0.00736\cdot 25)=0.83194$。

给定一系列自变量的值之后预测概率

用等式 7.1 和表 7.1 和表 7.2 里面的数值，我们可以计算出五种交通选择的预测概率。让所有的解释变量都在某特定选择的均值时，让我们先来看一看如何计算出一个司机通过贝利桥的概率。为了方便起见，我们将步骤分成两部分。第一步，我们计算出 $\sum_k \alpha_k z_{jk}$，对于过贝利桥的私家车司机来说，让 $A=\sum_k \alpha_k z_{1k}$，对于过贝利桥的私家车乘客来说，让 $B=\sum_k \alpha_k z_{2k}$，对于渡轮乘客，我们让 $C=\sum_k \alpha_k z_{3k}$，对于私家车司机，让 $D=\sum_k \alpha_k z_{4k}$，对于巴士乘客，让 $E=\sum_k \alpha_k z_{5k}$：

$$\begin{aligned}
A &= 0.22930 \cdot 1 - 0.05443 \cdot 1.09 - 0.12236 \cdot 0 \\
&\quad - 0.01759 \cdot 47.9 - 0.00736 \cdot 122.2 - 0.01810 \cdot 8.4 \\
B &= -0.64801 \cdot 1 - 0.05443 \cdot 0.88 - 0.12236 \cdot 0 \\
&\quad - 0.01759 \cdot 51.9 - 0.00736 \cdot 7.1 - 0.01810 \cdot 0.2 \\
C &= 1.81650 \cdot 1 - 0.05443 \cdot 14.3 - 0.12236 \cdot 2.5 \\
&\quad - 0.01759 \cdot 35.2 - 0.00736 \cdot 59.7 - 0.01810 \cdot 0.01 \\
D &= -1.57860 \cdot 1 - 0.05443 \cdot 0.3 - 0.12236 \cdot 0.4 \\
&\quad - 0.01759 \cdot 66.6 - 0.00736 \cdot 134.7 - 0.01810 \cdot 2.4 \\
E &= -0.05443 \cdot 15.2 - 0.12236 \cdot 2.0 - 0.01759 \cdot 31.9 \\
&\quad - 0.00736 \cdot 55.0 - 0.01810 \cdot 0
\end{aligned} \qquad [7.5]$$

第二步，利用第一步的结果并把它们加到等式 7.4 里面：

$$\text{Prob}(y=1) = \frac{e^A}{e^A + e^B + e^C + e^D + e^E} = 0.1439 \qquad [7.6]$$

这就给出了通过贝利桥的开车的人的预测概率。通过将分子里面替换进 e^B，e^C，e^D 或 e^E，另外四个的概率就可以计算出来。五个预测的概率显示在表7.3中间的一栏中。

表7.3　代替塔斯曼桥的交通路线和方式的选择的预测概率

选　择	步行时间(低)	步行时间(均值)	步行时间(高)
司机(贝利)	0.1268(0)	0.1439(1.09)	0.1703(2)
乘客(贝利)	0.1330(0)	0.1527(0.88)	0.1786(2)
渡轮客	0.6098(10)	0.5811(14.3)	0.5299(20)
司机(平底船)	0.0145(0)	0.0172(0.3)	0.0205(1)
巴士(平底船)	0.1159(10)	0.1051(15.2)	0.1006(20)

注:除了步行时间之外,所有的概率都是基于每个特定选择里面变量的样本均值来计算的,均值在括号里面。

平均来说可以看出,渡轮路线还是非常受欢迎的。通勤人员最不喜欢通过利斯顿路线然后让车开上一个平底船过河。通过贝利桥的话,做司机和做乘客的选择程度差不多。稍逊一点的就是搭巴士经过贝利桥。为了方便理解某一个特别解释变量的区间,我将五种选择在步行时间低和高的时候的概率估计出来。较低的步行时间设定在0，0，10，0和10。同样,较高的步行时间设定的值是2，2，20，1和20。表7.3第一列和第三列就是对应的估计的概率。它们意味着步行时间范围与某个选择之间的对应关系。

在条件logit模型里面,基本上是有无限个解释预测概率的方法。与其改变针对所有选择的某个解释变量的值,我们不如针对一个或者两个选择来改变变量的水平。如果仅针对一个选择改变一个解释变量的值,那么在预测的概率上变化的方向就是可以预测的:解释变量上的改变带来的某种选择的预测概率的改变只会在一个方向上变化,其他选择里预测的概率就是反向变化的。此外,我们也许想改变超过一个解释变量的值,那就需要一张以上的表来呈现这样的变化。当然,研究者也可以用一些更加精准的分级方法将解释变量标出,然后用图形表现出来。

某事件概率的边际效应

与预测的概率一样,针对选择的解释变量比用边际效应来解释对应的选择概率更加复杂。因为解释变量只针对某一个选择,变量级别上的变化所带来的边际效应,在原则上来说对一个选择与对另外一个选择是不一样的。因此在条件logit模型里面考虑边际效应的时候,尽管与在多类别logit模型里面很类似,但需要更加小心。在一个条件logit模型里面,z_{jk}针对不同的选择是不同的,但α_k不是。与α在比数比上的影响不同,边际效应确实随着选择的不同而变化。这是因为偏导数是解释变量的一个函数,它们本身就是针对不同选择的。

通过将等式7.4微分来得出针对z_{jk}选择的概率,我们发现,回归量对于选择概率的影响是:

$$\frac{\partial P_j}{\partial z_j}=P_j(1-P_j)\alpha$$

$$\frac{\partial P_j}{\partial z_{j^*}}=P_jP_{j^*}\alpha \qquad [7.7]$$

下标j和之前一样,表示的是与某概率相关的或者与针对某选择的解释变量水平相关的选择类别以及基于此计算出的边际效应,下标j^*表示的是与某概率相关的或者针对某选择的解释变量水平相关的选择类别，但是并没有基于此计算出边际效应。

让我们用步行时间对选择类别的边际效应来进行说明，将解释变量都维持在它们的均值上。因此，我们可以用表7.3中间那一列，计算出的这五个概率与步行时间的估计的α值-0.05443，来计算边际效应（表7.4）。

表7.4　步行时间在选择替代交通概率上带来的边际效应

选　择	驾车（贝利）	乘车（贝利）	渡轮客	驾车（平底船）	巴士（平底船）
驾车（贝利）	−0.0067	0.0012	0.0046	0.0001	0.0008
乘车（贝利）	0.0012	−0.0070	0.0048	0.0001	0.0009
渡轮客	0.0046	0.0048	−0.0132	0.0005	0.0033
驾车（平底船）	0.0001	0.0001	0.0005	−0.0009	0.0001
巴士（平底船）	0.0008	0.0009	0.0033	0.0001	−0.0051

注：每一列表示的是不同回答类别的边际效应，每一行表示的是不同水平的解释变量，也就是“步行时间”的边际效应，由于四舍五入的关系，它们相加未必等于零。边际效应跟解释变量一样，也是针对具体的回答类别来说的。

为了计算对角线上面的边际效应（$j=j^*$），需要使用等式7.7的第一行。也就是，$(0.1439)(1-0.1439)(-0.05443)=-0.0067$，$(0.1527)(1-0.1527)(-0.05443)=-0.0070$，$(0.5811)(1-0.5811)(-0.05443)=-0.0132$，等等。在计算（$j\neq j^*$）表格里的边际效应时，我们需要使用等式7.7里的第二行。例如，对于第三行第一列单元格，$(-0.5811)(0.1439)(-0.05443)=0.0046$；对于第三行第二列的单元格，$(-0.5811)(0.1527)(-0.05443)=0.0048$；对于第四行第三列的单元格，$(-0.0172)(0.5811)(-0.05443)=0.0005$；对于第五行第三列的单元格，$(-0.1051)(0.5811)(-0.05443)=$

0.0033;等等。如同我们在之前的章节里计算预测的概率和边际效应,计算软件会极大地帮助我们的运算。

5×5 的边际效应矩阵仅仅处理了一个解释变量——步行时间。为了表示其他变量的边际效应,我们需要再增加表格。这些边际效应实际上还是很吸引人的。对于走贝利桥的司机来说,如果一个经过贝利桥的私家车司机步行的时间增加 1 分钟,选择此交通方式的概率就会下降大约 0.0067,相对来说,选择另外四条路线的机会就会升高,因为人们更可能选择其他方式了。搭私家车的乘客通过贝利桥的概率就会增加 0.0012,乘坐渡轮的概率增加 0.0046,通过利斯顿开车的概率增加 0.0001,通过搭巴士经过贝利桥的概率增加大约 0.0008。跟多类别 logit 模型一样,纵贯不同的回答类别的边际效应会互相抵消。

如果搭渡轮的人步行的时间增加了 1 分钟,就会降低使用此路线的概率 0.0132,这是整个表格里面最大的边际效应。一个人可能将此归咎于渡轮客需要步行很长时间。表 7.1 却告诉我们,搭巴士的乘客的平均步行时间实际上比搭渡轮的乘客的平均步行时间多出 1 分钟,可是搭巴士的乘客步行每多出 1 分钟,仅仅会让选择此替代方式的概率下降 0.0051。而且,由于搭渡轮步行时间的增长,其他路线会更加受欢迎。再次强调,整体的边际效应还是零。在概率上,这样的影响看上去很小,但请注意,这仅仅是在步行时间增加了 1 分钟。因此,通勤人员对于步行时间还是很敏感的。

有一个边际效应的特性不存在于我们在第 6 章里讨论的多类别 logit 模型里,那就是在条件 logit 模型里,对应某一个回答类别,一个解释变量不同级别的边际效应也可以互相抵消。一行里面不同列的影响可以相加。这个特性说明了，针对这个回答类别的解释变量级别上的改变所带来的对回答类别上的边际效应，必须与针对另外一个回答类别上的解释变量级别的改变而带来的边际效应平衡。这个效果包含在 α_k 参数里，并不针对个别回答类别，说明步行时间带来影响的值对于不同的选择来说本质是一样的。在多类别 logit 模型里，解释变量只能由 β_{jk} 所代表的不同影响使反应概率发生变化。与此相反，在条件 logit 模型里，针对具体选项的解释变量 z_{jk}，影响回答的概率，因此一套 α_k 参数就足够了。

解释对概率造成的边际效应的另一种方式就是检验概率的弹性。尽管报告哪一类解释结果纯粹是个人喜好，但有些读者可能觉得弹性太高端了，因为所有解释都是在一个比较的级别上表示。有兴趣的读者可以参考本-阿基瓦和莱尔曼(Ben-Akiva & Lerman, 1985)以及格林(Greene, 1990)的著作。

泊松回归模型

有时，我们的因变量看上去是连续的，我们常常错误地使用多元线性回归来处理该问题，例如城市中的日犯罪量，在一个给定时间段里的某政治事件，比如总统选举，给定时间里发生的国际事件，以及新成立的社会组织等。所有这些都可以用一个正的数字来表示，而且这些事件都是比较少见的，并假设是通过泊松过程来获得的。对于这样的数据，一个泊松回归模型才是合适的。

随着经典的被风浪破坏的货船研究使用了泊松回归模型（McCullagh & Nelder, 1989），近年来已经涌现一些运用了泊松回归的有趣研究。在研究最高法院任职总统（King, 1987）、美国政党代表的党派轮换（King, 1988）、世界大战（King, 1989a）、加利福尼亚州每日自杀的数量（Grogger, 1990），以及多伦多的日常护理中心时（Baum & Oliver, 1992）都使用了泊松回归模型。这里仅仅是列举了几个研究而已。

第1节｜模型

罕见的事件是通过泊松分布得到的，可以用泊松分布来表示。基本的模型就是单参数泊松概率密度函数：

$$f(y_i,\theta_i)=P(Y_i=y_i)=\frac{e^{-\theta_i}\theta_i^{y_i}}{y_i!}$$

$$(y_i=0,1,2,\cdots,\infty;\theta_i>0) \qquad [8.1]$$

θ_i 是 Y_i 的期望值，$E(Y_i)$。上面的等式是用概率来定义的模型。我们可以用观察到的 y_i 或者它的期待值 θ_i。然后我们就有了泊松分布的一般表示：

$$\ln\theta_i=\sum_{k=1}^{K}\beta_k x_{ik} \qquad [8.2]$$

这就确定了 θ_i 总是大于零的，因为 $\theta_i=\exp(\sum_{k=1}^{K}\beta_k x_{ik})$。等式8.2让我们想起在第2章里的基于泊松分布的对数关系函数：

$$\eta=\log\mu$$

大部分情况下，我们不能假设遭遇风险的人口或者观察的间隔是常数。很明显，如果我们观察的时间足够长，罕见事件的数目也会更多。所以我们要包括一个固定的变量 n，来反

映在给定的泊松回归模型里暴露于此事件的量:

$$\ln\theta=\ln n+\sum_{k=1}^{K}\beta_k x_{ik}$$

$$\ln\frac{\theta}{n}=\sum_{k=1}^{K}\beta_k x_{ik} \qquad [8.3]$$

很明显,这里有些类似二分 logit 模型。在这种情况下,我们其实可以用对数线性类(log-linear-type)模型来估计(对数线性模型和泊松分布的关系,请参考 Fienberg, 1980)。实际上,为了让泊松分布的假设适合,请确认曝光变量(exposure variable)至少比事件数量的变量要大 10 到 100 倍。不然的话,尽管你依然可以用一个对数线性模型来进行分析,你却没有泊松分布。泊松回归模型可以用统计分析软件,如 LIMDEP 或者 GLIM 来进行分析。如果我们用等式 8.3,那么 logit 模型里的某些步骤也适用于泊松回归模型。特别是 SAS 里面的 PROC LOGISTIC 是非常好用的,因为它可以包括风险人群或者曝光变量比如说 n,同时自动地将参数限制到 1。将限制放松其实没什么影响(Maddala, 1983),有时候将限制放松并将其作为一个自变量包括进来甚至还有重要的意义(King, 1988)。尽管 SAS 估计的泊松回归模型的系数是在曝光变量固定一致下估计出的系数,但泊松回归的步骤的弹性在 LIMDEP 里面就更大,可以用一个自由的参数估计这些曝光变量的系数。

最基本的泊松回归模型假设了 y_i 的平均值等于它的方差。这种限制有时并不现实。如果条件没有达到,比如说一个过于分散的分布被用来作为一个泊松分布,回归参数估计出来的协变量矩阵就被低估了,从而让结果过于显著。在这种情况下，我们只有让 $\text{var}(y)=\theta$，而非 $\text{var}(y)=\sigma^2\theta$，$\sigma^2$ 是分散参数。如果有需要，根据麦卡拉和内尔德的研究（McCullagh & Nelder, 1989），分散参数 σ^2 可以估计出来：

$$\hat{\sigma}^2=\chi^2/(N-K)=\sum_{i=1}^{N}\frac{(y_i-\theta_i)^2}{\theta_i}\Big/(N-K) \quad [8.4]$$

样本量很大的时候，分母可以用 N 来表示。

其实有几种方法可以用来估计过于分散的事件个数的模型。常用的就是使用负二项式回归模型。关于泊松回归为什么不适用以及需要运用负二项式模型的例子，请参考格罗格（Grogger, 1990）和金（King, 1989a）的研究。金（King, 1989c）建议了一个适用于过于分散的、泊松分布的以及过于集中的模型的概括的估计。金（King, 1989b）考虑到了一个看上去不怎么相关的泊松回归模型，其中有两个因变量以及两个相关联的误差项来作为普通泊松回归的一个延伸。

第2节 | 解释泊松回归模型

对η或者转化过的η的边际效应

在泊松回归模型里,解释在$\exp(\eta)$上的边际效应很简单直接,因为$\exp(\eta)$就是θ,y的期望值。等式8.2指明了这个关系。因此x_k在期望的y上面的边际效应就是$\theta\beta_k$。另一种选择就是我们可以乘以$\exp(\beta_k)$,将x_k在期望的y上面相乘的这种影响表示出来,与在比数上面影响的解释类似。

因为θ是所有x变量的函数,我们有两个方式来解释x_k在y的期望值上的边际效应。虽然在数学上并不等同,但是在实际上可以让所有的x都在均值水平上来表达y的样本均值。或者,我们可以指定一系列x的值,来找出对应的θ,然后再据此解释边际效应。

让我们举一个实证的例子,我们检验几个解释变量对一个泊松分布上美国最高法院某年的任命的影响(King,1987)。变量包括过去六年里面任命的数量、在职军人所占人口的百分比的变化、在最近一次大选中美国新任的政府代表人数百分比,以及这个变量的平方项。自然对数转化了的最高法院里面席位数量的变量也作为曝光变量被包括进来。

包括这些变量基本的逻辑是(King, 1987)：首先，法院席位在历史上在5和10之间变化，让预期一直都是同样数量的离职变得不可能。其次，近期更多的离职会让预计的现期任命的数量下降。最后，在政治混乱时期，因为公义的个人并不会经常或者很快地改变他们的态度，可以假设一个人的公义会使得离职和重组的可能性增加。人口中在职军人百分比的比例变化代表军方矛盾，意味着政治、社会和经济的动乱程度。由在最近一次大选中美国政府新任代表人数的百分比代表选举带来的改变程度，也意味着政治的混乱和重组。表8.1代表了这个例子里泊松回归模型的参数估计。

表8.1　美国最高法院任命泊松回归模型参数估计(1790—1984年)

x 变量	$\hat{\beta}$	se($\hat{\beta}$)	p
In(席位数量)	1.7360	1.0120	0.0431
过去六年的任命	−0.2184	0.0715	0.0011
军人比例的增长	0.4626	0.2258	0.0202
新政府成员比例	5.9000	4.6450	0.1020
(新政府成员比例)^2	−10.4200	6.5630	0.0562
常数	−4.3540	2.4770	0.0394
LR统计		18.5000	
df		5	

注：在二次函数里面，新任的政府代表成员百分比的两个变量系数都是零的概率小于0.05。为了表达方便，在职军人所占人口比例的增加、新任的政府代表的比例以及它的平方在重新调节后反映的是变量的百分点而非百分比。

资料来源：King, 1987：表1。

估计值除以它们的标准误的比以及对应产生I类错误的 p 值说明，在研究美国最高法院任命的时候，不可以忽略上面所述的任何一个变量。让我们先来看一看上次的任命和军方百分比的增长这两个变量的影响。常识告诉我们，之前任命太多次应该会降低新任命的可能。这一点从估计中−0.2184的值可以看出来。作为一个解释的条件,在任意一年的平均任命数量是0.5131。[8]前六年任命的数量带来的影响是(0.5131)(−0.2184)=−0.1121,说明其他保持不变的情况下,在前六年里面每增加一个任命,会让今年任命的数量的期望值下降大约0.1121。换句话说,在过去六年里,没有任命和有五个任命带来的变化是超过半个人的任命。军方比例上升带来的影响看起来比较有限。其他保持不变的情况下,人口中有军方关系的比例增加1%,会使得期望的任命数量增加大约0.0024,因为(0.5131)×(0.004626)=0.0024(军方增加的估计值除以100,因为表8.2给出的是一个百分点的变化)。但这只反映了1%的增加。在某些历史时期,这样的增加是远远超过1%的。

表8.2 预测概率和概率上面的边际效应
(来自表8.1里面的泊松回归模型)

条　件	$y=0$	$y=1$	$y=2$	$y=3$	$y=4$	$y=5$
预测的概率						
新任政府成员比例=10%	0.78718	0.18837	0.02254	0.00180	0.00011	0.00001
在y的样本均值上	0.59864	0.30716	0.07880	0.01348	0.00173	0.00018
军人比例增加对概率产生的边际效应						
新任政府成员比例=10%	−0.00087	0.00066	0.00018	0.00002	0.00000	0.00000
在y的样本均值上	−0.00142	0.00069	0.00054	0.00016	0.00003	0.00000

注:在新任政府成员比例=10%的条件下,席位保持在六,过去六年任命的数字为1790年至1980年的均值(Ulmer, 1982),军方人数增加零个百分点。对于y的样本均值,使用的是1790年至1980年(Ulmer, 1982)的信息。预测的概率由于四舍五入的关系相加起来总和未必是1。

我们也可以指定一系列 x 值来看看 x_k 带来的影响。指定在法庭上有六个法官的时候，用之前任命的平均数量(3.0785)，假设没有军方人员的比例没有增加，最近一次选举里面新任的政府代表占 10%，所期望的任命的数量就是 $\exp(-4.354+1.736\cdot\ln(6)+\cdots+0.059\cdot10-0.001042\cdot10^2)=0.2393$(请再次注意，对于用百分比变化作单位的这些估计量都除以了 100)。过去六年里任命的影响就是 $(0.2393)(-0.2184)=-0.0523$，军队百分比的增加带来的影响就是 $(0.2393)(0.004626)=-0.0011$。比起用 y 的样本均值算出来的影响，用这个方法计算出的这两个影响的值小得多。

或者，我们也可以检验 x_k 的乘积的效应。在当前的例子里，在其他保持不变的情况下，之前的任命的边际效应是 $\exp(-0.2184)=0.8038$，说明前六年里，每增加一个任命会导致今年期望的任命数量是没有增加任命情况下的大约 0.8038 倍。在其他保持不变的情况下，人口中有军方关系所占比例增加 1%会使得今年预期的任命数量是军方比例增加零个百分点的约 1.0046，因为 $\exp(0.004626)=1.0046$。使用这种乘法的角度来看待影响的优点就是它不会受到 y 值的影响，而且它也比偏导数更加准确，因为后者给出的是边际效应的一个近似值。它主要的劣势就是对于有些研究者来说，这样解释没有很大的实际意义，因为边际效应给出的是一个期望事件数量的增加或者减少，可是从乘法的角度看，只能给出倍数上面的几倍或几分之几倍。读者可以通过相加的效应和相乘的效应比较这两个方法，看一看二分变量和连续变量带来的影响。

给定一系列自变量的值之后预测概率

在泊松回归模型里面,有两类预测的值值得我们去解释一番:预测的 y 和预测 $Y=y$ 的概率。让我们分别来看这两种解释方法。从等式8.2我们得出,y 的期望值是 $\exp(\sum_k \beta_k x_k)$。这就让我们很轻松地预测出 y 的值了,就像在经典线性模型里面一样。比方说,我们可以在其他变量都维持在均值或者某些特定值上的时候通过改变一个或者两个变量预测出一系列的 y。

我们继续这个美国最高法院的例子,让我们计算出 y 的期望值,保持席位数目是6,前六年的任命数量用历史上的均值3.0785,以及军方成员增加了零个百分点,但是将新任的政府代表人员的百分点以5为间距,从5个百分点到30个百分点设定6个值。因此,对于这六个级别(5, 10, 15, 20, 25, 30)的新任的政府成员百分点,我们可以预测出任命的数目如下:

新政府成员	5	10	15	20	25	30
预测数量	0.192	0.239	0.282	0.316	0.336	0.338

因此,我们可以很轻松地观察到期望的事件数量是如何随着某个自变量的水平变化而变化的。在这个例子里,我们可以看出,在新任的政府成员百分比较低的时候,预测的任命数量的变化增加得比较快,在新任的政府成员比例很高的时候,这个增加逐渐平缓下来,原因就是这其实是一个二次函数。

给定一系列解释变量的值后预测的概率

在泊松回归模型里面预测的第二类值就是概率，因为泊松回归其实是一个概率模型。利用等式8.1，给定某些 x 值之后，我们可以计算出事件数量等于0，1，2，3等的预测的概率。

在当前美国最高法院任命的例子里面，让我们用与上文中同一系列给定的 x 变量，新任的政府成员比例占10%，得出与上文一样的预期的 y 值，然后将这个值放在等式8.1里作为 θ。为了帮助读者计算，我这里只写出了计算预测的概率 $\text{Prob}(Y=3)$ 的步骤：

$$\text{Prob}(Y=3)=\frac{e^{-0.2393}\cdot 0.2393^3}{1\cdot 2\cdot 3}=\frac{0.0108}{6}=0.0018 \quad [8.5]$$

同样，我们也可以计算出其他概率，都显示在表8.2的第一行。因此，自变量在某个固定水平上之后，我们可以得出一系列的概率。也意味着对于一个 x 的每一个水平，我们都会有一个单独的预测的概率表。

对于新任政府成员占10%的席位时，概率表表现出一个典型的泊松分布，也就是它们都集中在非常少的事件数量上。此外，我们可以在 y 的样本均值上计算出概率来，结果显示在表8.2的第二行。使用样本均值，相比于用10%新任政府成员的固定自变量水平来说，预测的任命数量更多了。和其他概率模型一样，预测的概率相加的总和应该等于1。在泊松分布里，没有可能也没有这个必要将所有对应的类别都计算出一个概率来，因为对于在某回答水平之外的所有类别来说，概率接近于零。表中任何一行的概率相加都大致等于1。在用样本均值水平来预测概率时，另外一种检查结果的方法就是看一看是否 $\sum_j y \cdot \text{Prob}(Y=y)=\theta$。我们有：$0 \cdot 0.59864+1 \cdot 0.30716+2 \cdot 0.07880+3 \cdot 0.01348+4 \cdot 0.00173+5 \cdot 0.00018=0.51302$。这个结果大约等于 θ。

某事件概率的边际效应

因为泊松分布是离散的，既使用预测的概率，又使用在概率上的边际效应还是有意义的。在泊松回归模型里，在概率上的边际效应告诉我们，给定 x_k 上一个单位的变化，期望的 $Y=y(0, 1, 2, 3, \cdots)$ 的概率。

针对 x_k 取了 $\text{Prob}(Y=y)$ 的偏导数，我们得出：

$$\frac{\partial \text{Prob}(Y=y)}{\partial x_k}=\frac{\beta_k \theta e^{-\theta}(y\theta^{y-1}-\theta^y)}{y!} \qquad [8.6]$$

其中，$y=0, 1, 2, 3$，等等。[9]我们继续美国高等法院任命的例子来进行说明。跟之前一样，我们使用一系列给定的值，法院里面是六个席位，新任政府成员比例是10%，军方比例没有增加。为了得到军方所占比例的增加对概率的影响，我们取期望的事件数量值（$\theta=0.2393$），将这个值和军方增加的百分比（$\beta_3=0.0046$）插入等式8.6。在有零个任命的情况下，边际效应就是：

$$\begin{aligned}\frac{\partial \text{Prob}(Y=0)}{\partial x_3}&=\frac{0.0046 \cdot 0.2393e^{-0.2393}(0.02393^{0-1}-0.02393^0)}{0!}\\&=\frac{0.0046 \cdot 0.2393 \cdot 0.7872(-1)}{1}\\&=-0.00087\end{aligned} \qquad [8.7]$$

这就给出了表8.2里面第三行第一个结果。和预测概率一样，边际效应在 y 变大的时候更小。在样本均值等于 θ 的时候，也计算出了军方人员所占比例增加的百分点对于概率的边际效应(参考表8.2最后一行)。因此在职军人所占美国人口的比例每增加1%，预测的最高法院没有任命的概率下降大约0.00142，做出一个任命的概率会增加大约0.00069，有两个任命的概率大约会增加0.00054等。

与在其他概率模型里面一样，边际效应在泊松回归里的估计也应该在所有的回答类别当中互相抵消。因为在 $y=5$ 的时候，这个影响已经基本可以忽略了，这两行的边际效应相加起来确实等于零。与有序logit和probit模型类似，x_k 上面的改变让某些回答类别的概率下降，其他类别的概率增大。如果 β_k 是正的，对于更大的 y 来说影响应该更大，对于更小的 y 来说影响会更小。如果 β_k 是负的，对于更大的 y 来说影响会更小，对于更小的 y 来说影响会更大。这样可以很快地检查一下我们的计算是否正确。

边际效应也可以用对应的预测概率的差来得出。比如，如同表8.2的第一行设定新任的政府成员占10%，如果我们计算出 $y=2$ 的预测概率，然后将在职军人的比例增加1个百分点，再计算同样的概率，这两个概率的差就是0.00018。对于这种在职军人比例增加的百分点这个变量来说，这两个方法是很一致的。测量越粗(可测量的水平更少)，两种方法就越不一致。最极端的例子就是二分变量了，尽管用等式8.6计算出的边际效应接近正确的估计，却与通过两者概率差得出的结果相差很大。与第3、4、5章里面展现的一样，计算二分变量边际效应出现的这种现象对于所有的概率模型来说是普遍存在的。

跟预测的概率一样，设定好的一系列 x 变量上的值可以估计出对回答概率的边际效应。图形在表示两个或者更多系列的从不同 x 值计算出来的边际效应以及预测的概率时非常有用。

泊松回归模型在分析计数的事件时是一个很有用的统计方法。通常在这些情况下，研究者都错误地使用了 OLS 回归（参见 King，1988）。理解对泊松回归模型里得出的结果的解释，会让读者在使用的时候感到更加得心应手。如之前讨论的，泊松回归模型有四种解释方法，对研究社会科学来说都是比较简单直观的。

第9章

总　结

在总结的时候，我有三个目标。第一，我会概括对各种概率模型参数估计的解释方法。第二，我会简单讨论其中几个比较重要的常见模型。最后，我会从广义线性模型的角度，对如何应用一些概率模型的解释给出一些建议。

第1节 | 概括

在第2章中，我介绍了广义线性模型和四个系统性地解释广义线性模型得出的参数估计的方法——给定一系列 x 值之后预测的 η 值或者转化过的 η 值，在 η 值或者转化过的 η 值上的边际效应，给定一系列解释变量的值之后预测概率，以及对某事件的边际效应。常见的检验参数估计的正负号和显著性的方法并没有在本书中进行具体的阐述，尽管很容易用，却并没有利用这些概率模型能够提供的丰富信息。因为本书中讨论的概率模型都是广义线性模型里很特别的情况，关系函数是由其数据本身分布的特性来决定的，对这些概率模型来说，有这四种解释方法就足够了。因此，系统的解释概率模型的方法能够让我们对结果有实质性的理解。

然后我用具体的例子介绍了如何使用这三种(或四种)方法来解释以下各种概率模型：第3章里面的二分 logit 和 probit 模型，第4章里面的序列 logit 和 probit 模型，第5章里面的有序 logit 和 probit 模型，第6章里面的多类别 logit 模型，第7章的条件 logit 模型，最后是第8章里的泊松回归模型。这四种解释方法分别是给定一系列 x 值之后预测的 η 值或者转化过的 η 值，η 值或者转化过的 η 值上面的边际效应，给定一系列解释变量值之后预测的概率，以及对某事件的边际效应。对所有的模型来说，解释的形式都是一样的，但是因为关系函数对于每个概率模型是不同的，计算的公式也就不同。这四种方法里面的第一种，除了对泊松回归或者可能对 logit 模型有些用之外，对其他的方法没有什么用。

所有的概率模型可以写作表达两个因变量的常见形式——概率和观察到的发生的数量 η。原则上，我们可以通过边际效应和概率或者预测数量的值来解释参数估计，因此我们可以有四种解释方式。然而对于大部分概率模型来说，因为预测值 η 通常都是 logit 或者 probit 形式，所以 η 其实并没有太大意义，它本身并不是很好理解。与其他模型不同的就是泊松回归了，它转化后的 η 是事件发生的数量，这就很容易解释和应用。

第2节 | 概率模型的重要文献

第1章里面介绍的大部分专著将概率模型延伸到了不同的复杂程度。下面我会回顾一下主要的模型来重点强调它们主要的特点和不同。因为很多书都包括了非常重要的内容,比如模型的使用(更多的细节)以及估计,读者如果对这些方面不太了解,可以去参考一下。

首先,因为我的解释来自广义线性模型,有些读者可能想要更加规范系统地学习一下广义线性模型。麦卡拉和内尔德(McCullagh & Nelder, 1989)基本上给出的就是对广义线性模型最权威的处理。如果读者想看简单的、只有介绍性内容的书,可以参考多布森的研究(Dobson, 1990)。以上任何书都能提供足够的信息量。

除了广义线性模型之外,还有两个表示某些(或者全部)概率模型的传统。它们是对数线性模型的处理和回归模型的处理,其中因变量是定性的、离散的或者有限的。这两个传统的阐述都可以从广义线性模型中导出(请参考McCullagh & Nelder, 1989)。

许多对数线性模型的处理在过去十年里都已经可行(包括 Agresti, 1984, 1990; Bishop et al., 1975; Fienberg, 1980; Knoke & Burke, 1980)。还有一种有趣的对数线性模

型——联合模型(association model),也得到不少关注(参见Clogg, 1982,以及他的其他文章;Goodman, 1991,以及他的其他文章)。与本书讨论的概率模型更相关的内容在阿格雷斯提(Agresti, 1984, 1990)两篇很受欢迎的文章里。尽管从列联表和对数线性模型的基础开始,阿格雷斯提(Agresti, 1990)也试图将广义线性模型纳入其中,也表明第一个和第二个表示概率模型的传统并没有那么分明的界线。德马里斯(DeMaris, 1992)最近的著作已出版,尽管是基于第一种传统描述了一个清晰的从在列联表里面的比数比到有序 logit 模型的过渡,却也试图通过个人层面的数据将对列联表进行数线性模型的处理联系起来。

奥尔德里奇和纳尔逊(Aldrich & Nelson, 1984)的著作属于第二种传统。这本书关注的是比较线性,probit 和 logit 模型是如何给概率来建模的,以及为什么在回答变量是二分的时候,OLS 线性模型会失败。该书涉及的内容延伸到多类别 logit 模型里。之后有几本书涉及处理离散的数据。考克斯和斯内尔(Cox & Snell, 1989)重点讨论分析了二元回答数据。主要有四本书是针对普通的离散数据的,它们是本-阿基瓦和莱尔曼(Ben-Akiva & Lerman, 1985)、桑特和达菲(Santer & Duffy, 1989)、特雷恩(Train, 1986),以及里格利的研究(Wrigley, 1985)。本-阿基瓦和莱尔曼、特雷恩、里格利的著作是专门针对特殊读者的。头两本是专门针对研究交通的研究者,后一本是专门针对环境科学家的。特雷恩的行文就显示出了他主要的对象:书的第二部分专门针对了研究汽车需求的定量模型的选择。然而大部分社会科学家都可以理解这三本书。这些书涉及各种离散选择的模型,包括多类别 logit 和 probit 模型以及条件 logit 模型。对 IIA 特性的讨论也非常有价值。针对离散数据,想得到一个更加理论的和数学上对概率模型的处理,桑特和达菲的研究(Santer & Duffy, 1989)也是一个很好的选择。

回归模型的很多传统与计量经济学紧密联系,因此计量经济学家在文献上做出如此巨大的贡献也不足为奇。更加技术性的文献里还是有一些全面的处理也适合社会科学家的。值得一提的专著有格林以及马达拉的著作(Greene, 1990, 1993; Maddala, 1983)。马达拉对有限因变量的细致全面的讨论涉及很多概率模型和其他处理删减因变量与样本选择偏差的模型,因此对于这个题目是非常关键的。格林的教材尽管是作为一个普通的计量经济的读物来写的,但也涉及 tobit 和样本选择模型(在 1993 年第二版里也有持续数据的模型)以及概率模型(除了序列模型)。这些讨论条理清楚,也包括了足够的技术性细节来解释模型的最大似然估计。这本书的另外一个优点就是包括了最大似然估计的原理和优化的步骤。这里也需要提到,有些计量经济的回顾涉及 logit, probit 和相关的模型,比如雨宫和麦克法登的著作(Amemiya, 1981; McFadden, 1976, 1982)。

对于希望能快速了解所有概率模型的基础的读者,有很多关于经典的线性回归模型的专著可供选择(它们包括 Achen, 1982; Berry & Feldman, 1985; Hardy, 1993; Jaccard, Turrisi & Wan, 1990; Lewis-Beck, 1980; Schroeder, Sjoquist & Stephan, 1986)。此外,有些书涉及假设(Berry, 1993)和诊断(Fox, 1991)。这些书都对线性回归模型有更加深入的分析,都是线性回归模型各个专题的一个很好的入门介绍。

第 3 节 | 解释概率模型的进一步评论

解释这些从概率模型得出的参数估计当然不会仅仅限于本书介绍的四种方法。这四种模型都可以继续进行一些额外的转化，然后进行解释。例如，回答概率的边际效应是针对 x_k 的回答概率的偏导数。将 x_k 和概率都取自然对数转化然后计算偏导数，我们就有了在经济学里常见的弹性的解释。对于多选项 logit 模型，比如条件 logit 模型，弹性的解释方法也许特别有用（请参考 Ben-Akiva & Lerman，1985；Greene，1990）。尽管很有用，还是稍微有些复杂。有兴趣的读者可以参考上述文献。

另外一种统计模型类似于这本书中讲的概率模型一族。风险率（hazard rate）模型在事件史或者生存分析的时候广为使用，它们包括参数模型，比如指数、Gompertz 和 Weibull 模型，以及半参数模型，如考克斯的比例风险模型（参见 Allison，1984；Lawless，1982）。尽管这些针对生存数据的模型也可以包含在广义线性模型下面，但它们的特性与本书讨论的概率模型相差太远，超过了本书涉及的概率模型之间的差异。针对离散的数据，风险率模型可以用 logit 模型来近似。对于这种模型的解释，可以参考我们提出的四种方法。总的来说，针对风险率模型的解释有一些独一无二的特点，因此不在本书的范围内。

这四种解释概率模型的方法并不是十全十美的，尤其是预测概率只是样本个别数据点上估计出来的概率。那么它们的置信区间是什么呢？尽管我们从似然比统计上对模型整体可以得出一个大致了解，也能得出参数估计的标准误，但置信区间的范围却不清晰。在用线性回归模型做预测的时候，我们可以构造置信区间来得出我们预测的值有多准确。类似地，我们也需要知道预测的概率有多准确。随着回答类别预测值之间的接近程度越来越高，会增加考虑预测概率的置信区间的必要性。一如在经典线性模型中一样，我们可以为概率模型创建预测概率的置信区间，它们都属于广义线性模型大家族(Fox，1987；Liao，1993)。这类置信区间也超出了本书的范围，但在许多社会科学的应用上也有其作用。

注释

[1] 更广泛地说，logit 关系和多项 logit 关系的函数都是麦卡拉和内尔德(McCullagh & Nelder, 1989)讨论的多变量关系函数的一种特殊情况。

[2] 没有原始数据来支持一个 logit 模型，这个 logit 估计是基于一个 probit 估计乘以 1.6，由雨宫(Amemiya, 1981)提出的一个转化方法。

[3] 还有一种常见的公式写法是：

$$\text{Prob}(y=j)=\frac{e^{\sum_{k=1}^{K}\beta_{jk}x_k}}{\sum_{j=1}^{J}e^{\sum_{k=1}^{K}\beta_{jk}x_k}} \qquad [A.1]$$

$j=1, 2, \cdots, J$。参数 β_J 被常态化为零。这种表示更加紧凑，因为它简洁表达了等式 6.1 和等式 6.2。文中为了更好地帮助读者去理解会使用等式 6.1 和等式 6.2。

[4] 对于一个有 J 个回答选项的因变量，有 $J-1$ 套参数比较。然而，对于 J 个回答选项，却有 $J!/2!(J-2)!$ 个组间比较。

[5] $\beta_2+2\beta_3x_2$ 就是 x_2 在比数的对数上面的一个偏导数：

$\log[\text{prob}(y=j)/\text{prob}(y=J)]=\beta_1+\beta_2x_2+\beta_3x_2^2+\cdots+\beta_Kx_K$

[6] 这些参数估计都是对应着"避孕理由"对"混合理由"，"没有节育"对"混合理由"，以及"医疗理由"对"混合理由"。这些参数估计来自表 6.1 与子女个数相关的前三列：1.05，−0.29；−1.04，0.16；0.13，0.02。

[7] SAS 第六版可能不支持这个步骤，在更新的版本里面，一旦 SAS 在 C 里面重写了软件将 FORTRAN 升级后，也可能不支持，因为 MLOGIT 步骤是用户编写用户支持的。

[8] y 的均值在金的研究(King, 1987)里面并没有报告。因此，一个近似的估计来自厄尔默(Ulmer, 1982)对美国最高法院任命的估计，时期是 1790—1980 年，1998 年，98/191 = 0.5131。

[9] 等式 8.6 的偏导数如下：

$$\begin{aligned}\frac{\partial\text{Prob}(Y=y)}{\partial x_k}&=\frac{\frac{\partial(e^{-\theta}\theta^y)}{\partial x_k}}{y!}\\&=\frac{\theta^y\frac{\partial}{\partial\theta}\frac{\partial\theta}{\partial x_k}+e^{-\theta}\frac{\partial}{\partial\theta}\frac{\partial}{\partial x_k}}{y!}\\&=\frac{\theta^ye^{-\theta}e^{\sum_{k=1}^{K}\beta_kx_k}\beta_k+e^{-\theta}y\theta^{y-1}e^{\sum_{k=1}^{K}\beta_kx_k}\beta_k}{y!}\\&=\frac{\beta_k\theta e^{-\theta}(y\theta^{y-1}-\theta^y)}{y!}\end{aligned} \qquad [A.2]$$

等式中，$\theta=e^{\sum\beta x}$。

参考文献

ACHEN，C.H.(1982) *Interpreting and Using Regression*. Sage University Paper series on Quantitative Applications in the Social Sciences，07-029. Beverly Hills，CA：Sage.

AGRESTI，A.(1984) *Analysis of Ordinal Categorical Data*. New York：John Wiley.

AGRESTI，A.(1990) *Categorical Data Analysis*. New York：John Wiley.

ALDRICH，J.H.，and NELSON，F.D.(1984) *Linear Probability，Logit，and Probit Models*. Sage University Paper series on Quantitative Applications in the Social Sciences，07-045. Beverly Hills，CA：Sage.

ALLISON，P，D.(1984) *Event History Analysis：Regression for Longitudinal Event Data*. Sage University Paper series on Quantitative Applications in the Social Sciences，07-046. Beverly Hills，CA：Sage.

AMEMIYA，T.(1975) "Qualitative models." *Annals of Economic and Social Measurement* 4:363—372.

AMEMIYA，T.(1981) "Qualitative response models：A survey." *Journal of Economic Literature* 19:1483—1536.

BAUM，J.A.C.，and OLIVER，C.(1992) "Institutional embeddedness and the dynamics of organizational populations." *American Sociological Review* 57:540—559.

BEN-AKIVA，M.，and LERMAN，S.R.(1985) *Discrete Choice Analysis：Theory and Application to Travel Demand*. Cambridge：MIT Press.

BERRY，W.D.(1993) *Understanding Regression Assumptions*. Sage University Paper series on Quantitative Applications in the Social Sciences，07-092. Newbury Park，CA：Sage.

BERRY，W.D.，and FELDMAN，S.(1985) *Multiple Regression in Practice*. Sage University Paper series on Quantitative Applications in the Social Sciences，07-050. Beverly Hills，CA：Sage.

BISHOP，Y.M.M.，FIENBERG，S.E.，and HOLLAND，P.W.(1975) *Discrete Multivariate Analysis：Theory and Practice*. Cambridge：MIT Press.

CLOGG，C.C.(1982) "Some models for the analysis of association in multiway cross-classification having ordered categories." *Journal of the American Statistical Association* 77:803—815.

COX, D.R., and SNELL, E.J.(1989) *The Analysis of Binary Data*(2nd ed.). London: Chapman & Hall.

CRAGG, J.G., and UHLER, R.(1975) "The demand for automobiles." *Canadian Journal of Economics* 3:386—406.

DeMARIS, A.(1990) "Interpreting logistic regression results: A critical commentary." *Journal of Marriage and the Family* 52:271—276.

DeMARIS, A.(1992) *Logit Modeling*. Sage University Paper series on Quantitative Applications in the Social Sciences, 07-086. Newbury Park, CA: Sage.

DeMARIS, A.(1993) "Odds versus probabilities in logit equations: A reply to Roncek." *Social Forces* 71:1057—1065.

DOBSON, A.J.(1990) *An Introduction to Generalized Linear Models*. London: Chapman & Hall.

FIENBERG, S.E.(1980) *The Analysis of Cross-Classified Categorical Data* (2nd ed.). Cambridge: MIT Press.

FOX, J.(1987) "Effect displays for generalized linear models," in C.C.Clogg (ed.), *Sociological Methodology* 1987, pp.347—361. San Francisco: Jossey-Bass.

FOX, J.(1991) *Regression Diagnostics: An Introduction*. Sage University Paper series on Quantitative Applications in the Social Sciences, 07-079. Newbury Park, CA: Sage.

FURSTENBERG, F., MORGAN, S.P., MOORE, K., and PETERSON, J.(1987) "Race differences in the timing of adolescent intercourse." *American Sociological Review* 52:511—518.

GOLDBERGER, A.S.(1964) *Econometric Theory*. New York: John Wiley.

GOODMAN, L.A.(1991) "Measures, models, and graphical displays in the analysis of cross-classified data." *Journal of the American Statistical Association* 86:1085—1111.

GREENE, W.H.(1990) *Econometric Analysis*. New York: Macmillan.

GREENE, W.H.(1990) *Econometric Analysis*(2nd ed.). New York: Macmillan.

GROGGER, J.(1990) "The deterrent effect of capital punishment: An analysis of daily homicide counts." *Journal of American Statistical Association* 85:295—303.

HANUSHEK, E.A., and JACKSON, J.E.(1977) *Statistical Methods for Social Scientists*. New York: Academic Press.

HARDY, M. (1993) *Regression With Dummy Variables*. Sage University Paper series on Quantitative Applications in the Social Sciences, 07-093. Newbury Park, CA: Sage.

HENSHER, D.A. (1979) "Individual choice modeling with discrete commodities: Theory and application to the Tasman Bridge re-opening." *Economic Record* 50:243—261.

HENSHER, D.A. (1981) "A practical concern about the relevance of alternative-specific constants for new alternatives in simple logit models." *Transportation Research* 15B:407—410.

HOFFMAN, L.D., and BRADLEY, G.L. (1989) *Calculus for Business, Economics, and the Social and Life Sciences* (4th ed.). New York: McGraw-Hill.

HOFFMAN, S. D., and DUNCAN, G. J. (1988) "Multinomial and conditional logit discrete-choice models in demography." *Demography* 25:415—427.

JACCARD, J., TURRISI, R., and WAN, C.K. (1990) *Interaction Effects in Multiple Regression*. Sage University Paper series on Quantitative Applications in the Social Sciences, 07-072. Newbury Park, CA: Sage.

KING, G. (1987) "Presidential appointments to the Supreme Court: Adding systematic explanation to probabilistic description." *American Politics Quarterly* 15:373—386.

KING, G. (1988) "Statistical models for political science event counts: Bias in conventional procedures and evidence for the exponential Poisson regression model." *American Journal of Political Science* 32:838—863.

KING, G. (1989a) "Event count models for international relations: Generalization and applications." *International Studies Quarterly* 333:123—147.

KING, G. (1989b) "A seemingly unrelated Poisson regression model." *Sociological Methods and Research* 17:235—255.

KING, G. (1989c) "Variance specification in event count models: From restrictive assumptions to a generalized estimator." *American Journal of Political Science* 33:762—784.

KNOKE, D. and BURKE, P.J. (1980) *Log-Linear Models*. Sage University Paper series on Quantitative Applications in the Social Sciences, 07-020. Beverly Hills, CA: Sage.

LAWLESS, J.F. (1982) *Statistical Models and Methods for Lifetime Data*.

New York: John Wiley.

LEWIS-BECK, M.S. (1980) *Applied Regression: An Introduction*. Sage University Paper series on Quantitative Applications in the Social Sciences, 07-022. Beverly Hills, CA: Sage.

LIAO, T.F. (1993, August) "Confidence intervals for predicted probabilities from generalized linear models." Paper presented at the Annual Meeting of the American Sociological Association, Miami Beach, FL.

LIAO, T.F., and STEVENS, G. (forthcoming) "Spouses, homogamy, and social networks." *Social Forces*.

MADDALA, G.S. (1983) *Limited Dependent and Qualitative Variables in Econometrics*. Cambridge: Cambridge University Press.

McCULLAGH, P., and NELDER, J.A. (1989) *Generalized Linear Models* (2nd ed.). London: Champan & Hall.

McFADDEN, D. (1974) "Conditional logit analysis of qualitative choice behavior," in P. Zarembka (ed.), *Frontiers in Econometrics*, pp. 105—142. New York: Academic Press.

McFADDEN, D. (1976) "Quantal choice analysis: A survey." *Annals of Economic and Social Measurement* 5/4: 363—390.

McFADDEN, D. (1982) "Qualitative response models," in W. Hildebrand (ed.), *Advances in Econometrics*, pp. 1—37. Cambridge: Cambridge University Press.

McKELVEY, R.D., and ZAVOINA, W. (1975) "A statistical model for the analysis of ordinal level dependent variables." *Journal of Mathematical Sociology* 4: 109—120.

MORGAN, S.P., and TEACHMAN, J.D. (1988) "Logistic regression: Description, examples, and comparisons." *Journal of Marriage and the Family* 50: 929—936.

PLOTNICK, R.D. (1992) "The effects of attitudes on teenage premarital pregnancy and its resolution." *American Sociological Review* 57: 800—811.

RINDFUSS, R.R., and LIAO, F. (1988) "Medical and contraceptive reasons for sterilization in the United States." *Studies in Family Planning* 19: 370—380.

RONCEK, D.W. (1991) "Using logit coefficients to obtain the effects of independent variables on changes in probabilities." *Social Forces* 70: 509—518.

RONCEK, D.W. (1993) "When will they ever learn that first derivatives identify the effects of continuous independent variables or 'Officer, you can't give me a ticket, I wasn't speeding for an entire hour'." *Social Forces* 71:1067—1078.

SANTER, T.J., and DUFFY, D.E. (1989) *The Statistical Analysis of Discrete Data*. New York: Springer.

SCHROEDER, L.D., SJOQUIST, D.L., and STEPHAN, P.E. (1986) *Understanding Regression Analysis*. Sage University Paper series on Quantitative Applications in the Social Sciences, 07-057. Beverly Hills, CA: Sage.

TRAIN, K. (1986) *Qualitative Choice Analysis: Theory, Econometrics, and an Application to Automobile Demand*. Cambridge: MIT Press.

ULMER, S.S. (1982) "Supreme Court appointments as a Poisson distribution." *American Journal of Political Science* 26:113—116.

WRIGLEY, N. (1985) *Categorical Data Analysis for Geographers and Environmental Scientists*. London: Longman.

译名对照表

Air Force Qualifying Test(AFQT)	空军认证测试
Alternative-Specific Constance(ASC)	选择特定常数
antilogarithm	反对数
binary	二分
chi-squared distribution	卡方分布
conditional logit model	条件 logit 模型
confidence interval	置信区间
contingency tables	列联表
continuous variable	连续变量
covariance matrix	协变量矩阵
Cumulative Distribution Function(CDF)	累积分布函数
dependent variable	因变量
discrete variable	离散变量
dispersion parameter	分散参数
elasticity	弹性
expected value	期望值
exposure variable	曝光变量
generalized linear models	广义线性模型
hazard rate	风险率
heterogamy	婚姻异质性
heteroskedasticity	异方差
homogamy	婚姻同质性
Independence from Irrelevant Alternatives(IIA)	无关的选择之间的独立性
independent variable	自变量
likelihood ratio statistic(LR statistics)	似然比统计(LR 统计)
linear regression model	线性回归模型
link function	连接函数
logged odds	比数对数
log-linear	对数线性
log-odds ratio	比数比对数
marginal effect	边际效应

Maximum Likelihood Estimation(MLE)	最大似然估计
multinomial logit model	多类别 logit 模型
natural logarithm	自然对数
negative binomial regression model	负二项式回归模型
nested	嵌套
odds	比数
ordinal logit/probit model	有序 logit/probit 模型
Ordinary Least Squares(OLS)	普通最小二乘法
partial derivative	偏导数
Poisson distribution	泊松分布
Poisson probability density function	泊松概率密度函数
Poisson regression	泊松回归
predictor	预测器
probability	概率
probability model	概率模型
proportional hazard model	比例风险模型
sequential logit/probit model	序列 logit/probit 模型
standard deviation	标准差
standard error	标准误
standard normal cumulative distribution function	标准正态累积分布函数
standard normal probability density function	标准正态概率密度函数
survival analysis	生存分析
threshold parameter	阈值参数
Type I error	I类错误
variance	方差
z scores	z 分数
Z statistics	Z 统计

上海市版权局著作权合同登记号:图字 09-2013-596

图书在版编目(CIP)数据

解释概率模型:Logit、Probit以及其他广义线性模型/(美)廖福挺著;周穆之译.—上海:格致出版社:上海人民出版社,2018.4
(格致方法·定量研究系列)
ISBN 978-7-5432-2848-1

Ⅰ.①解… Ⅱ.①廖… ②周… Ⅲ.①概率-数学模型-解释 Ⅳ.①O211.1

中国版本图书馆CIP数据核字(2018)第045854号

责任编辑 顾 悦

格致方法·定量研究系列
解释概率模型:Logit、Probit以及其他广义线性模型
[美]廖福挺 著
周穆之 译
陈 伟 校

出 版 格致出版社
上海人民出版社
(200001 上海福建中路193号)
发 行 上海人民出版社发行中心
印 刷 浙江临安曙光印务有限公司
开 本 920×1168 1/32
印 张 5
字 数 98,000
版 次 2018年4月第1版
印 次 2018年4月第1次印刷
ISBN 978-7-5432-2848-1/C·193
定 价 30.00元

格致方法·定量研究系列

1. 社会统计的数学基础
2. 理解回归假设
3. 虚拟变量回归
4. 多元回归中的交互作用
5. 回归诊断简介
6. 现代稳健回归方法
7. 固定效应回归模型
8. 用面板数据做因果分析
9. 多层次模型
10. 分位数回归模型
11. 空间回归模型
12. 删截、选择性样本及截断数据的回归模型
13. 应用 logistic 回归分析（第二版）
14. logit 与 probit：次序模型和多类别模型
15. 定序因变量的 logistic 回归模型
16. 对数线性模型
17. 流动表分析
18. 关联模型
19. 中介作用分析
20. 因子分析：统计方法与应用问题
21. 非递归因果模型
22. 评估不平等
23. 分析复杂调查数据（第二版）
24. 分析重复调查数据
25. 世代分析（第二版）
26. 纵贯研究（第二版）
27. 多元时间序列模型
28. 潜变量增长曲线模型
29. 缺失数据
30. 社会网络分析（第二版）
31. 广义线性模型导论
32. 基于行动者的模型
33. 基于布尔代数的比较法导论
34. 微分方程：一种建模方法
35. 模糊集合理论在社会科学中的应用
36. 图解代数：用系统方法进行数学建模
37. 项目功能差异（第二版）
38. Logistic 回归入门
39. 解释概率模型：Logit、Probit 以及其他广义线性模型
40. 抽样调查方法简介
41. 计算机辅助访问
42. 协方差结构模型：LISREL 导论
43. 非参数回归：平滑散点图
44. 广义线性模型：一种统一的方法
45. Logistic 回归中的交互效应
46. 应用回归导论
47. 档案数据处理：生活经历研究
48. 创新扩散模型
49. 数据分析概论
50. 最大似然估计法：逻辑与实践
51. 指数随机图模型导论
52. 对数线性模型的关联图和多重图
53. 非递归模型：内生性、互反关系与反馈环路
54. 潜类别尺度分析
55. 合并时间序列分析
56. 自助法：一种统计推断的非参数估计法
57. 评分加总量表构建导论
58. 分析制图与地理数据库
59. 应用人口学概论：数据来源与估计技术
60. 多元广义线性模型
61. 时间序列分析：回归技术（第二版）
62. 事件史和生存分析（第二版）
63. 样条回归模型
64. 定序题项回答理论：莫坎量表分析
65. LISREL 方法：多元回归中的交互作用
66. 蒙特卡罗模拟
67. 潜类别分析